谁的人生没有低潮
有路　就好

苏清涛 / 著

北京联合出版公司
Beijing United Publishing Co.,Ltd.

图书在版编目（CIP）数据

谁的人生没有低潮，有路就好 / 苏清涛著. —北京：北京联合出版公司，2016.3

ISBN 978-7-5502-7079-4

Ⅰ. ①谁… Ⅱ. ①苏… Ⅲ. ①成功心理—青年读物 Ⅳ. ①B848.4-49

中国版本图书馆CIP数据核字（2015）第321689号

谁的人生没有低潮，有路就好

著　　者：苏清涛

责任编辑：孙志文

封面绘图：Stay川

装帧设计：陆　璐

版式设计：李大惊

北京联合出版公司出版

（北京市西城区德外大街83号楼9层　100088）

北京鹏润伟业印刷有限公司印刷　新华书店经销

字数160千字　880毫米×980毫米　1/32　8印张

2016年3月第1版　2016年3月第1次印刷

ISBN 978-7-5502-7079-4

定价：36.00元

目录

人生，有这样或那样的困境。有时候是我们输在了起跑线上，有时候是形势变幻，我们遭遇人生的低谷，可是，就算全世界都在对你说“你不行”，你也要知道，只有那些loser才最喜欢朝别人泼冷水，别让那些loser泼来的冷水浇灭了你的梦想。

第二章

幸或不幸，取决于思维方式

真正可怕的是，还未老去，心已沧桑，放弃了年轻时的梦想，丧失了奋斗的激情，满脑子里只有绝望和无力感。但只要你仍然在坚持和追求梦想，仍然有奋斗的勇气，不管你是否已经成功，你都是强者。

第三章

不是读书没用，而是你没用

有很多人，在大学毕业后，一旦在职场上混得不如意，尤其是混得不如那些在学校时不如自己的人、没上过大学的人，他们就会抱怨读书没用，那口气，就像是他们已经掌握了宇宙真理一样。可是，你真的认真读书了吗？为什么别人读书就有用，而你读书就没用呢？你是把书读到狗身上去了吗？也许，并不是读书没用，而是你自己没用。

第四章

小事业也要有大格局

一个人，即使没有任何背景，靠着日复一日的坚持和努力，学会聚焦，在一个领域做到极致，也能闯出属于自己的一片天地。

第五章

感情的理想主义实践

通常，女人在择偶的时候，很看重男人的“靠谱”“责任心”，可现实往往是，太靠谱的人，往往身上都缺少诗意的元素，甚至是都很无趣、不够浪漫。那些充满理想主义色彩、有点不靠谱的男人，更可爱一些，但女人选择这样的男人，往往是要承受风险的——因为，“文艺青年只对自己的情怀负责”。不过，没有情怀的活法，乃是对生命的辜负。

前言

在最落魄的日子里，我找到了人生的方向

常常有一些年轻的读者留言告诉我，他大学刚毕业没多久，很迷茫，不知道自己究竟适合干什么。每当这时，我都会告诉他们："迷茫，并不是一无是处，最起码，迷茫意味着你的选择机会多。回想2007年我刚毕业的时候，因为专业冷门，而自己又无一技之长，没有实习经历，除了去卖保险，根本就没选择。你的起点比我高多了，知足吧。"

做过半年的保险之后，总算有了点工作经验，因此，跳槽的时候，面试的机会多了。就这样，我"高升"到了一个小型台资企业，月收入1200元。我还记得那年春节回家后，爸爸问我一个月工资多少，我心虚地说是1200元，爸爸就特意叮嘱我，如果家里的亲戚问起，我应该说是2000元。是的，那是2008年，2000元的月工资，在我爸眼里，已经是一个偏高的数值了，但我远远达不到。彼时，高中时"一个炕上睡过的兄弟"，他的月收入比我的10倍还多。不过，那

段时间，真正让我有挫败感的，并不是工资低，而是工作环境确实糟糕——跟我一同招进去的两个专科生、一个高中生（我并不歧视低学历的人，但那几个家伙确实都属于没什么想法、没什么追求的人），每次，他们几个在办公室切磋泡妞心得的时候，我都特别沮丧：“天哪，我竟然已经沦落到跟这种层次的人一起共事的地步了。”

有了这个念头后，我果断裸辞，另谋高就。这次，面试的时候，我狮子大开口，要价1800元，后来，人家给了我2300元，我顿时感觉自己遇上了一个好老板。不过，工作环境比上一家还糟糕，几年后看到富士康工人跳楼的新闻，我毫不惊讶，因为，感同身受。我确信，如果我在那种环境中长期做下去，也会得上抑郁症。在相当长的一段时间里，我一直特别害怕我的同事知道我是个“复旦高才生”，因为怕给复旦丢人。复旦身份，是一种让我感到自卑的东西。

2009年6月，我辞职转行做销售，尽管工资降到了历史最低点——1100元，但说那一次跳槽是我人生的转折点丝毫不夸张。现在，我给别人介绍自己的时候，经常会提到“2010年之前的我”和“2010年之后的我”——那段经历让我创造了一个奇迹，即内向的老实人是可以把销售做好的，尽管我刚开始给人打个电话都结结巴巴，但后来确实做得还不错，这算是扇了那些老说我“不适合”的鸟人一个狠狠的耳光；更重要的是，在这个过程中，我无意间发现了自己一生的挚爱——文字，后来我常自称是一个“把写作当性生活的人”。今天，大家看到的这本书，首先得归功于那份底薪只有1100元的工作。

2015年下半年，我在自媒体上火起来之后，算是拉高了整个鸡汤界的整体水平，也让“别人家的鸡汤”相形见绌。我的读者群中，有top5高校的博士生导师，有top2高校的系主任，甚至还有在《激荡三十年》和《野蛮生长》中出现过的“92派”企业家。我不是那种通过收入来获得成就感、拿金钱来衡量成功的人，但最近，我还是忍不住炫富过几次：过不了多久，我每个月在自媒体上收到的读者打赏就可以超过1万了。之所以敢扬眉吐气地炫富而不怕别人鄙视我，是因为我觉得自己做到了精神生活与物质生活的统一 ，用冯仑的话来说就是“坚持理想，顺便赚钱”。

有不少朋友很好奇地问我：“你的思想水平，远远超出你的年龄，你平时都读什么书？”其实，我真没看过什么书。我对人生的洞察，在很大程度上，在于我走了太多的弯路，经历过太多的失败。然而，时过境迁，所有过往的经历，都转换成了财富——走对了的路，可以拿来写励志故事；走错了的路，在经过反思之后，可以拿来写鸡汤。我不喜欢励志故事，但我把自己的人生活成了一部励志故事。我随便写一部流水账，别人都会觉得很励志。

“未曾失恋的人不懂得爱情，未曾失意的人不懂得人生”，周国平老师这句话说得好。现在，我常常会回想起八年前的那个夏天，在上海浦东的马路上骑着自行车卖保险，在口渴的时候犹豫该买一瓶2.5元的延中盐汽水还是2元的矿泉水，每当这个时候，我都会特别崇拜自己。“苏清涛，你好牛逼啊。”

在经历过那么多挫折之后，我最深刻的体验便是：从长远来看，让一个人对生活越来越有信心、增加了他的幸福感的，并不是成功与荣耀，而是他过去所经历的低谷、最悲观最绝望最孤独的时刻；人的一生，只要有过那样的时刻，并且还没有使心理健康受到影响的话，再往后，无论境况多么糟糕，他都会有勇气去面对和承受。

时过境迁，我们会发现，低潮，并没有那么可怕。一个人的激情、力量和理想主义，最能在这些低潮期体现出来。事实上，对充满激情的人来说，并不存在真正意义上的低潮。并且，每次从一个低潮中走过来，都是一次信心的增长。

对了，前几天，一位刚关注过我的公众账号的读者对我说："说实话，我就喜欢你这种人，三十几岁，正在成名阶段，不算是'特大人物'以致接触不到，而是有血有肉有思想可供交流学习的对象。矫情地说，于我，你的意义比莫言或马云还要大，在于你真人本身的可接触性。"我相信，他是真诚的。因为，我是跟你们一样的屌丝，我具备可接触性，并且，我的故事，还具备可复制性。

我走过的路，就是你们每一个人已经走过、正在走的或即将要走的路。在这本书中，每一个正在迷茫的年轻人，都会发现自己的影子，也能找到自己的方向。我相信，你们看完之后，会忍不住想说句："涛哥，我想请你吃顿饭。"

不信？咱们走着瞧。

苏清涛

2015年12月16日凌晨

第一章

你越是与众不同，越容易被说三道四

人生，有这样或那样的困境。有时候是我们输在了起跑线上，有时候是形势变幻，我们遭遇人生的低谷，可是，就算全世界都在对你说“你不行”，你也要知道，只有那些loser才最喜欢朝别人泼冷水，别让那些loser泼来的冷水浇灭了你的梦想。

loser才喜欢给别人泼冷水

在朋友的推荐下，第一次看了老电影《当幸福来敲门》，看到Chris那么大年龄了还去证券公司应聘一个没有一毛钱薪水的实习生，我就惊呼：卧槽，这不是“影射”我吗？！

2013年上半年，在29岁的时候，我从销售转行做记者，因为既没有相关工作经验又不是应届生，基本上很难进去，当时，也是做好了“以实习生的身份进入、先不要工资”的心理准备。我后来被录用，确实也就是因为这种“情怀”打动了我的面试官，也就是我现在的总编。确切地说，起初，我并没有被录用，但他们看到我态度如此诚恳，居然甘愿当实习生，因此，就把我列入了“备胎”的名单；随后，当主胎出问题后，我便被“扶正”了。

我刚来报到的时候，总编真诚地对我说：“说实话，把你招过来，我心里很没底，你除了作文成绩领先外，面试的排名并不靠前。后来我们缺人，需要增录，想想你既然是复旦毕业的，就算差，也不会差到哪里去，所以，就通知你来了。”话说，从毕业到现在求职五次，唯有这一次，大学的毕业证才真正“派上用场了”，不过，这种“派上用场”，总让我有一种屈辱感——我居然已经沦落到了要靠复旦的招牌才能找到工作的地步。（其耻辱程度，仅次于一个人没有其他魅力，唯有凭借金钱才能泡到妞的那种耻辱感。）

总编在谈话时还说：“我培养你这样一个已经工作过六年的人，要比培养一个应届毕业生的成本高。”我承认，一般来说，往届生的可塑性比较差，因为他们会把在原先工作中形成的错误的思维方式带进新工作中，所以，这句话如果用来评价“大多数人”，也许是对的，但偏偏用在我身上，它是错的。因此，我很果断地反驳：“偏见。”

说实话，当时虽然是嘴上逞强，但我自己心里还是很虚的，以至于在第二天跟几个高中同学小聚时，我还不断地说：万一我过不了试用期，你们可千万别鄙视我啊。

话说，我在参加每一份工作之初，都会把自己当应届生。在入职后的第二周，第一次选题会上，我主动请缨，领了一个最难啃的硬骨头（连一些老记者也不愿意接招）。我之所以选择个最难的，其实是因为对自己很没信心。我的想法很简单：如果你选择一个很简单的，完成了也不光彩，但倘若完不成，则丢人至极；而你选择一个最难的，即便完不成，也没有人会鄙视你能力不行，但是，倘若侥幸完成了，则对自己是一个极大的鼓励啊。

我花了两天时间，才列出了一份采访提纲。采访的过程中，又使用了各种阴谋诡计、谎言，以及无比真切的恳求（这是我的第一次采访，最终质量，将影响我的饭碗），最终，拿到了一些远远超出预期的材料。成稿质量，也还不错。诚然，与那些早已身经百战的老记者相比，我实在还差得太远，但是，纵向上，跟自己比，我觉得我已经很了不起了。因此，尽管并没有任何人表扬过我，但我自己却有一种“一炮打响”的陶醉感。（没有人鼓励你的时候，你就得自己鼓励自己；战略上藐视自己，但战术上，一定要自吹自擂。）

接下来的几个月里，一切都新鲜而令人兴奋。（当然，直到现在，也一直都会遇到新鲜而令人兴奋的事情，这可能与我的孩子气有关吧。）不过，在年底，试用期满，竞聘的时候，我慌了，害怕被淘汰，结果做竞聘面试的时候，紧张得结结巴巴，至今想起来犹觉丢人。

好歹，竞聘是通过了，并存活至今。虽然，我对新闻稿件的写法仍然不熟练，写出来的稿子总是会让编辑老师头疼，但不得不承认，我确实已经形成了自己的风格。开会的时候，总编曾说，我做专家对话，已经形成了一个品牌。（自2014年5月以来，所有的专家对话稿件，都由我来写；并且，除一次例外，所有的受访对象，无论是学者还是官员，或者企业家，都对我的提问质量表示高度赞赏。）

我们办公室，流传着一个传说：我是老板的男神。原因是，老板在另外一个杂志社“狠狠地夸了苏清涛一顿”。但这个消息传到我这里的时候，我却能够做到宠辱不惊的淡定。原因是，老板有次吃饭时对我说：“像我这么忠诚的粉丝不多了吧？”并且还说了句“苏老师可以三观不正”。我有次开玩笑说，微信上要屏蔽他，结果他说：

“你敢屏蔽我，我就扣你工资！”又一次，他说：“如果连续几天看不见苏老师发表人生思考，我就怀疑他把我屏蔽了。”

还有一次，早晨我在朋友圈发了一条状态：“连续好几天早晨在车站遇见同一个骗子，每次看见他，我都有种想请他喝杯咖啡的冲动。”结果，老板回复：准你假，挽救一个人，意义更重大。

春节时，我发给老板的短信里有一句是：感谢你对我平时“不务正业”的包容。

我无比喜欢这里的工作氛围，接近50岁的人以及接近60岁即将退休的人，在内心里，都是充满朝气的小男孩。

跑题了，言归正传。在《当幸福来敲门》中，Chris在维特证券公司的实习生涯结束后被正式录用，那情况，就跟我现在的状态差不多。（我说的是状态。论成就，我当然远比不上人家。但我也不会因为自己没有取得过什么成就便自我否定。）

上面的内容，都跟标题没有什么直接关系，下面，我得解释一下，为什么要取这样一个标题了。

在影片中，Chris在跟老婆分手后，带儿子出去打篮球，有一次，打完后，他对儿子说：“以后，别让人家对你说‘你不行’。”“那些自己没有成才的人，总会说你也不能成才。”这几乎是绝对真理。

行走江湖多年的经历告诉我，那些自己无能的人，总以为别人也跟他们一样无能。

先说一下上面一句话是怎么诞生的吧。2010年4月，我跟同事在苏州参加一个展会，有一个同行跑到我们的摊位上，拿起我们的一个逼格特别高的样品，仔细端详了一会儿，然后问："这是你们自己做的吗？"我们说是，然后，他又不相信："你们也能做出来？"这鸟人走后，我照着名片上的信息查了下他的公司，名不见经传，然后，我对同事说，这个人就是一个自己做不到，就以为别人也做不到，把别人都想得跟他自己一样矬的人。

话说，我当年从制造业转行做销售时，几个资深销售人士，包括当老板的朋友、招商引资做得特别好的朋友、媒体的销售大亨，都强烈支持我，但一大群从未做过销售的人来告诉我："你不适合。"两三年后，我做得有些起色了，而那些对我说"你不行"的人，仍然在过着单调没挑战性的生活。

后来，我打算转行到媒体，一大批在媒体从业的朋友都说我可以，甚至还说我最适合做调查记者，而几个整天感慨人生失败、抱怨活得没意思的人，却对我说"不适合"。我没听他们的，转行后很快进入了状态，而他们几个，仍然对人生充满强烈的挫败感。

有人对我说，你不能吸取不同意见。是的，我确实不能听取没有价值的不同意见。

实践已经证明并将继续证明，只有loser才喜欢给别人的热情泼冷水、喜欢传播负能量。

loser给别人泼冷水，有两种逻辑：一种是，因为我不行，所以，别人应该也不行；另一种是，他们害怕自己做不到的事情，万一别人做成了，自己的自尊心会受伤。因此，千方百计地让别人做不成。

多年来，在庸碌众生那里，我一直遭遇歧视，或是居高临下的同情；但在面对智商最高的群体时，我总会发现，我对他们有着异乎寻常的吸引力。这实在令人感到意外，不过，实际上也很正常。因为，聪明人看事、看人的视角，自然是独特的。

我是一个极其缺乏自信的人，跟别人相处，总担心自己的智商被碾压，还总担心自己因为言行举止的拙劣而被人嘲笑。但奇怪的是，这种恐惧感，在“大家都是凡人”的场合会特别明显，而在面对高手，尤其是顶尖级的高手时，反倒不那么明显，甚至会消失。为什么呢？因为那些just so so（一般般）的人，特别喜欢给别人泼冷水，偶尔被他们点赞，我并不会觉得有多光荣，但倘若被耻笑，我却会有一种“我居然已经沦落到连这货也敢来嘲笑的程度了”的耻辱感。

反而，越是那些出色得让我感到自卑、让我黯然失色并自惭形秽的人，我接近他们的欲望越强烈。因为这些人，有一个共同的特点，就是比较会鼓励人，甚至是吹捧人。然后，被他们熏陶一段时间之后，我就觉得自己也变得更好了，能够跟他们“平起平坐”了。也就是说，我喜欢跟出色的人相处，图的就是他们能让我“自我感觉良好”。跟他们在一起，你根本不必担心自己会被鄙视。（这就像是上课提个naive的问题，身边的同学会鄙视你这个问题太幼稚，但老师则不会。）况且，他们即便鄙视你，也多是一些有技术含量的、有建设性的鄙视，有利于你的进步。再说了，即便被高手鄙视了，你也不会觉得丢人，因为被高手碾压，并不意味着自己有多差劲。班门弄斧没有错，弄斧，就应该在班门。

我们做任何一件事，都会遇到不同的声音。不过，在面对争议的时候，大多数人，都倾向于向loser发出的愚蠢论调妥协，这也就是他们为什么老是深陷挫败的泥潭出不来的原因。要改变命运，首先就得远离那些喜欢散发负能量的loser。

你越是与众不同，越容易被说三道四

因为上篇文章，我有幸被一个天才级的人认识。他就是出生于1996年的吴迪钊，这位“小朋友”在14岁时就出版了自己的长篇小说《救赎》，15岁留学新加坡名校，16岁成立自己的东亚商会组织，18岁成为斯坦福大学明星学生，同年11月受到美国前总统克林顿的接见，同时兼任新海归精英联盟美国分会副会长。（是不是又会有一些“我做不到”的人站出来质疑了？）我进到他的朋友圈逛了逛，“在这条道路上会有很多人污蔑你、嘲笑你、打击你、讽刺你，但是能够让他们乖乖闭嘴的方式就是将最终的结果做给他们看”，看到这句话的那一瞬间，我突然明白，他这样牛逼的人，为何会对我这般平庸的人感兴趣了。

每一个出类拔萃、与众不同的人，在生活、学习和工作中，都会遭遇很多的非议。并且，他们的这种“不幸遭遇”，要比常人多得多。为什么呢？因为，那些智力平庸的人，由于思维的局限性，无法理解那些“非我族类”究竟是怎么回事儿，因此，便对他们持怀疑和否定的态度；而在任何一个社会中，平庸的人，又总占绝大多数。再加上，中国的文化尤其强调“你要跟大家一样”，格外不能容忍别人有个性，所以，那些与众不同的人就惨了。

以“正常人”自居的庸众对“非正常人”的质疑，就相当于一个现代人进入了原始社会，这时，一群人会指着他，嘲笑说：“你们瞧，他身上竟然没长毛！”

事实上，尽管“正常人”永远都不会理解“不正常的人”，但大多“不正常的人”却能对“正常人”一览无余。故而，可以说，“不正常的人”，是源于“正常人”，但又高于“正常人”。

庸众往往缺乏是非判断能力，他们评判一个人，是看结果，而不是看过程、看品格。出类拔萃的人在取得非凡的成就时，庸人会很自觉地表现出一番势利小人的姿态，谄媚无比；但当前者还走在通往成功的路上，或者在奋斗中遇到挫折的时候，庸众会自不量力地歧视他们，并且，由于那些出类拔萃的人往往不太尊重这个平庸的社会里由平庸的人所制定出来的平庸的游戏规则，因此，他们往往会遭遇后者的敌视。

庸人看一件事，基本的评判标准是正常还是不正常，而出类拔萃者看一件事情，最基本的评判标准是合理不合理、有意思还是没意思。庸人总是千方百计地适应社会，并且强求别人也像他们一样适应社会，而出类拔萃者却总是尝试着改造社会。冲突自然在所难免，可是，庸众在数量上的绝对优势，常常使饱受质疑的出类拔萃者显得势单力薄。

在舆论评价及对舆论的掌控方面，出类拔萃者是绝对的弱势群体。因为，那些由庸人创造出来的愚蠢的信念总是有着更多的信徒，这些信徒又进一步将这些愚蠢的信念传播给更多的跟他们自己一样平庸的人，而那些由出类拔萃者发出的为自己辩护的声音，反倒因为能听得懂的人太少而得不到传播。

梁启超在《李鸿章传》的开篇便写道：唯庸人无誉无毁。对与众不同的人来说，在你追求自己精彩人生的路上，经受别人的不理解、说三道四和泼冷水，是一门必修课。

除去出类拔萃者会遭遇比常人更多的说三道四外，我还要提一种可能性：每个人面对说三道四的次数都差不多，但出类拔萃者要更敏感、更刻骨铭心。这种敏感，倒不是说他们玻璃心，而是说，just so so的人，面对别人给他泼冷水，他会选择屈服，或怀疑自己是不是真的不行，然后就放弃了，他们对别人泼来的冷水，缺乏警惕心，很容易被洗脑；相反，出类拔萃者对别人泼来的冷水、那些负能量的东西，会有很强的防范心理，这种敏感，使得他们不会轻易中毒。

在追求自己的活法时，如果你一听到别人说“你不行”便开始动摇，那么，最终你必定会让他们口中的“你不行”应验；相反，倘若你能做到“冒着loser的口水前进、前进、前进进”，最终，他们都会乖乖闭嘴的。

理想主义者，不肯媚俗；败在短期，赢在长期

重读《古文观止》中的《苏秦以连横说秦王》一文，有了一个新发现：苏秦成功的路径跟商鞅很像，而跟生前很不得志的孔孟，却大相径庭。

起先，苏秦是以“连横”之术来游说秦惠王的，希望谋得一官半职，秦王不纳，苏秦只好失意而归。勤学苦读多年后，当苏秦再次寻找施展才华的机会时，他不再用“连横”之术了，而是拿与之相反的“合纵”之说，搞定了六国国君，同时当上了六国总理，并出任九国联军总司令，并“使秦人十五年不敢出函谷关”。当时的苏秦，炙手可热、风光无限。而商鞅，他第一次见秦孝公时讲的是最符合他政治理想的“帝道”，孝公不纳；第二次他便降低标准谈“王道”，孝公还是不感兴趣；第三次商鞅给孝公讲的是最能立竿见影，但也最野蛮最没文化的“霸道”，立马吸引了急于建功立业的秦孝公。得到秦孝公的赏识之后，商鞅在秦国很快成为一人之下万人之上的实权派人物。

共同点很明显吧？苏秦跟商鞅，都是十足的机会主义者，为了成功，他们都可以不讲原则、不择手段、见风使舵！他们的所谓游说，并不完全是以自己的信仰或政治理想来说服国君，而是先揣摩后者的心思并迎合他们的口味。如此的政治投机，当然很容易取得成功了。但是，苏秦跟商鞅，都是没有信仰、没有真正理想的人——商鞅倘若真有理想，也就不会在那么短暂的时间里就从“帝道”“王道”讲到格调低下的“霸道”了；而苏秦，我们单从他所感慨的“贫穷则父母不子，富贵则亲戚畏惧，人生在世，势位富厚，盖可以忽乎哉！”一句便可以看出，苏秦的理想无外乎“势位富厚”而已。在短期内，苏秦跟商鞅都取得了巨大的成功，但是，从最终结果来看，他们都“不得好死”——商鞅被车裂、苏秦被刺客所杀。虽主要是因为改革者树敌太多，但也与他们的“变色龙”身份不无关系。跟商鞅同样“不得好死”的，还有韩非子。从某种意义上说，作为法家思想之集大成者的韩非子，继承了商鞅的衣钵，韩非子是“中国的马基雅维利”，他的《韩非子》一书就是中国的《君主论》，韩非子是水平远远高于李宗吾的“厚黑学大师”。他这样一个整天在研究怎么整人的人，最后被人整死，也算是“死得其所”了。

与一味迎合国君口味、不坚持原则的商鞅和苏秦相比，孔子和孟子，才是真正的理想主义者。孔子和孟子，是拿他们自己的思想来向国君施加影响，而不是拿君王本人潜意识中的“霸道”野心来取悦君王；相反，孔孟，尤其是孟子，常常用严厉的言辞来教训国君——商鞅和苏秦敢这样做吗？像商鞅和苏秦这样眼里只有成功而没有固定原则的人，骨子里有着奴颜婢膝、见风使舵的一面；而孔孟，在推广其政治理想和治国方略时，他们并不屈从君王的意愿，他们是“以自我为中心”的，始终坚持自己的主张，所以他们才是真正的思想家。而太善于权变的商鞅和苏秦，他们不能称为思想家，甚至也配不上政治家的称号，充其量只是个政客而已。我这样说，并不意味着我否认此二君的才华，相反，我非常佩服苏秦和韩非，我所质疑的是他们的人格。

孔子和孟子这样的理想主义者，因为他们不肯媚俗、不肯迁就君王、不肯随波逐流，所以处处碰壁不得志，但是，他们最终却取得了更为长久、更具有持续性的成功。理想主义的孔孟，他们的成功虽然来得慢，然而一旦成功，其影响力便再也无法消退。机会主义者的成功，只是智力上的成功，而理想主义者的成功，则是人格上的成功。

尽管历史是不容假设的，但我还是忍不住想假设一下：倘若商鞅、苏秦跟孔子和孟子一样有理想，并且能够执着于自己的最初理想，结果会有何不同呢?

商鞅最初的“帝道”及退而求其次的“王道”治国方略，是很接近儒家思想的，把百姓的安居乐业、生活幸福当作最高目标来追求。可是，他最后帮助秦孝公实践的“霸道”，是以国家的强大为主要目标，以“弱民”及“以奸驭良”为主要管理方式，结果当然是国富民穷了。此外，商鞅提出的重农抑商政策，为社会的进步埋下了长期的隐患，使中国的资本主义经济因素一直在萌芽，却一直得不到健康成长。从当时李悝、吴起等法家改革派得势的历史潮流看，倘若商鞅始终坚持“帝道”“王道”，便不可能叱咤风云一时，说不定就被埋没了。可是，倘若他不那么热衷于功利，便也不会被车裂而死。孝公死后，商鞅也知道先前被自己得罪的秦贵族会报复，预感到大事不妙，想逃走，逃到边界线上住“宾馆”的时候，“宾馆”服务员说：“请出示身份证、户口本、暂住证等有效证件——商君变法时规定了，我们不能接纳‘三无人员’。”商鞅是个逃犯，自然不能出示证件了，就这样，“三无人员”商鞅无处可逃，被强制收容，然后被抓回去处死了。（刚刚说到法家另一位人物吴起，也是一个为了功名可以不择手段的人，史书记载：“吴起者，卫人也，好用兵。尝学于曾子，事鲁君。齐人攻鲁，鲁欲将吴起，吴起取齐女为妻，而鲁疑之。吴起于是欲就名，遂杀其妻，以明不与齐也。”这个为了向国君表忠诚而狠心杀掉自己妻子的家伙，在政治上、军事上取得了短暂的成功，但最终也是“不得好死”——被乱箭射死。我每次看到机会主义者这种结局的时候，都无丝毫同情心。）

“连横说”在被苏秦放弃之后，却被他的同学张仪捡了起来，张仪也拿这个“连横说”去游说秦惠王（并且，据说张仪还是在苏秦的资助下去的秦国）。这次，秦惠王接纳了张仪，具有讽刺意味的是，最终，秦国用张仪的“连横术”打败了苏秦所统帅的九国联军！苏秦和张仪两人都用“连横说”游说秦王，为什么苏秦被拒绝了而张仪却成功了呢？这是不是说苏秦的个人才华不如张仪呢？不是。从史书记载的各种言辞看，这两位老同学的才能是差不多的。秦王拒绝苏秦的原因，并非不认同他的谋略，而是秦国当时的国内条件不允许，即“寡人闻之：毛羽不丰满者，不可以高飞；文章不成者，不可以诛罚；道德不成者，不可以使民；政教不顺者，不可以烦大臣”。并且，秦惠王最后还说了“今先生俨然不远千里而庭教之，愿以异日”。这个“异日”，具体是什么时候呢？秦惠王没有明说，但作为事后诸葛亮的我们可以知道，这个“异日”，就是张仪找到秦惠王的那个时候。可苏秦急于求功名利禄，他哪里等得到这个“异日”啊，“异日”还没有到，早就改弦更张，走向与“连横”截然相反的“合纵”之术了——苏秦配六国相印的时间（公元前333年），比张仪使秦（公元前329年）的那个“异日”早四年呢。

可以说，商鞅之死，纯粹是作法自毙，怨不得秦贵族；商鞅之死，在于他不能够自始至终地坚持自己的“帝道”思想。苏秦，并不是败给了他的同学张仪，而是败给了他自己——败给了缺乏理想、缺少执着的自己。孔孟等理想主义者生前的不得志，失败之因仅在于他们“不够聪明”“不识时务”；而商鞅和苏秦这样的机会主义者最终之所以下场凄惨，归根结底，就是因为他们太善于投机、太缺少人格的力量了。

理想主义者，在短期内往往很不得志，乃是因为他们不肯媚俗；但在长期内，只有他们才可能成为真正的赢家，因为有“人格的力量”。机会主义者，或许可以风云一时，但终究难以成为长期的胜利者。当然，大多数人都是不愿意着眼于长期的，因为“从长期来看，我们都是会死的”，这句貌似很天才实则很无赖的话，为绝大多数的实用主义者提供了一个很巧妙的借口。因为没有耐心等待那个“长期”的来临，好多人便不愿意做理想主义者。当然，一个真正的理想主义者，他最关心的并不是结果，而是更注重享受过程；对一个纯粹的理想主义者而言，长期的胜利，往往并非他“有意栽花”，而是“无心插柳”的结果——譬如，顾准绝对不会想到，他的“偏执”，会使他在今天成为年轻人心目中的偶像级人物。

理想主义者，往往被嘲笑为不够成熟。然而，我常常对这些“幼稚的”理想主义者怀有尊敬之情，却对那些太过成熟的人抱以本能的同情。鲍鹏山老师说，“有一种文化，得志的往往是小人，成功的往往是庸人”。是的，在这种文化下，做一个理想主义者是很难的。如果你是一个理想主义者，常常会被贴上“迂腐”“书生气”这种充满贬义的标签。常常有些机会主义者、实用主义者会带着善意劝说你：“你太理想化了，能不能现实一点儿啊！”并告诉你识时务者为俊杰，这不就是劝说你随波逐流吗？在我们都还年轻的时候，我们身边有一个朋友，他心地单纯，热心公益，是个理想主义者、是个愤青、是个维权英雄，我们都欣赏他、尊敬他，甚至是崇拜他；在大家都迈入中年时期后，他还是那个他，而我们，却总是喜欢居高临下地同情着他的“不成熟”、指指戳戳地评论着他的“不务实”。原因很简单，我们自己已经变得污浊不堪了，并且这种污浊，总是会给我们带来一种肤浅的、庸俗的优越感。他如果内心不够坚定，就很有可能向现实“投诚”。

在短期内，理想主义者根本就不是机会主义者的对手；理想主义者的优点，会被机会主义者看成缺点和软肋，并成为他们向前者进攻的一个突破口。但是，理想的价值，并不在于它能否实现，而在于它能塑造我们的人格，使我们成为一个有高尚精神追求、人格健全的人。理想主义，其功能不在于帮助我们实现理想，而在于它能够赋予我们一种精神，使我们的气质与众不同。一个理想主义者身处于一个被实用主义者和机会主义者包围的环境中，总会让人有一种鹤立鸡群的联想。正是因为有着气质上的不同，所以，机会主义者即使取得了一时的成功，也成功得很渺小、很卑微，甚至很可耻。而理想主义者，即便是遭遇失败，也败得很光荣、很高贵、很伟大。韩愈说，“与其有誉于前，孰若无毁于其后”，这句话很值得所有的机会主义者深思。

近几年，我们也看到有越来越多的知识分子不再是理想主义者了，他们变成了“披着文人外衣的商人”。我前面说商鞅和苏秦不是用自己的思想说服国君，而是靠迎合后者的口味来取得成功，如今，不少知识分子，不是把自己的思想呈现给读者，而是把迎合读者的口味当作成功的主要方式。他们是很好的心理学家，知道读者喜欢看什么，于是就写什么，而不是先写出自己内心的观点，然后再希望读者能够喜欢。这些作家，是十足的机会主义者，因为，他们为了迎合读者，往往隐藏了自己最真实的观点。这种靠投机取得的成功，是无法长久的。君不见，现在批评郎咸平和宋鸿兵的阴谋论的人，绝大多数曾经是他们的铁杆儿粉丝——如果不是粉丝，怎么会对他们的风格那么熟悉，批评的时候怎么可以那么切中要害？莫非只是为了批评才去读他们的作品的？可是，这从逻辑上讲不通，因为在阅读之前，批判的动机是从何而来的?

一个作者，其价值的重心部分，在于能够让自己的思想被读者理解，而非引起共鸣、被认同——读者的认同当然重要，但这认同应当建立在对作者思想有真正理解的基础上方才有意义。作者希望自己的文字能够受读者欢迎，这当然没有错，但前提应该是作者自己的“意思表示真实”；倘若只是为了取悦读者便一味地矫饰自己、曲意迎合，那么，这样的作品即使很畅销，作者也只能算个三流的作者，他只是用读者原本就有的观念来征服读者，而非用自己的思想同读者交流——他要么是没有自己的思想，要么是对自己的思想没信心。很多所谓的“意见领袖”，便是这种“用读者固已有之的观念来征服读者”的典型。当然，这并不是说作者写起东西来应该全然不顾读者的感受，事实上，即便作者表达的是自己的真实见解，尽量多地运用便于读者理解和接受的表达方式也是很重要的。

一个真正的作家，应该是个理想主义者，他应该坚持自己的思想，而绝不去向读者献媚。在书商眼里，读者可以是上帝，但作者在写作的过程中，绝对不能把目标读者当成上帝，否则便可能“意思表示不真实”，只有作家自己的思想才应该是上帝。如果作品是真正有思想的，即便是在当时未必能立即火爆，但它肯定是能够经得起时间的检验的，而不是像很多畅销书那样名噪一时之后很快就销声匿迹了。

穷人比富人更急功近利，甚至是更功利

知乎上流传着一篇关于“贫穷会导致判断力下降”的文章，核心观点是说，长期的贫穷，会让人形成一种“稀缺头脑模式”，影响其决策偏好。有人提问，除此之外，穷人的思维到底跟富人有什么区别?

以我有限的观察来看，穷人跟富人最明显的区别就是，“舍得观”的不同。

富人大都很舍得投入，他们做投资，哪怕是十分清楚在相当长的一段时间内得不到回报，甚至是最终极有可能打了水漂，他们仍然愿意去投资；而穷人则特别容易患得患失，对一个小小的投入，都会斤斤计较有没有回报。富人是只要自己觉得那个方向对，就肆无忌惮地去做，而并不苛求结果一定要怎样怎样；而穷人则是，哪怕方向是对的，但只要结果出了差错，他们也会自我怀疑。这里的“投资”或“投入”，既包括在产业方面的投资，也包括在知识、人脉等人力资本方面的投资。

穷人请别人吃过一顿饭，还总埋怨对方老不回请、不埋单，但富人，可能这样吗？富人并不希望每一单投资都有回报，他们更愿意遵循“大多数法则”（就像保险公司一样），只要总账不亏就行了。

富人喜欢靠兴趣做事、靠情怀做事，他们最看重的是爽不爽，因此，利害计算会少一些；而穷人则不然，他们的处境，往往迫使他们顾不上考虑兴趣爱好，更难谈情怀了，结果，他们每次付出，都会纠结于划算还是不划算。

那么，把富人的思维模式放到穷人的脑袋里，穷人的处境会改变吗？不能一概而论。穷人，也不是不具备富人的头脑或思维，只是生存需要，迫使他来不及考虑那么长远罢了。究竟是穷人思维导致了贫穷，还是长期的贫穷导致了贫穷思维？这是一个鸡生蛋还是蛋生鸡的问题，我也说不清楚，但贫穷并不必然导致这种贫穷思维。像有些“负翁”，他可能没多少钱，但他会从别处借个30万，然后再拿出20万去投资，这显然是一种富人做派。因此，穷人也是可以具备富人思维的。

我以前购房的时候，在房展上只询问了三家，现场看房只看了一家，就定下来了。尽管我是个穷光蛋，但还是被朋友调侃为土豪。有人问我，你怎么不比价。我说，在我眼里，它就是个商品，除了价格高之外，跟其他商品没什么区别，有什么好比的。要把时间花费在最美好的事情上，我宁可花三天时间写一封情书，也不愿意花三个小时多看一套房子。很多人买完东西之后喜欢到别处去比价格，我就不做这种庸人自扰的事情。如果比价之后发现自己占便宜了，固然高兴，但如果发现自己“上当了”，岂不是得郁闷个半死？况且，购房这种事情，一般不会有第二次，不存在吸取教训的必要。我自认为，我就是一个有着富人思维的穷人。

曾有读者在文末给我留言：“文章很有洞察力，不过就是时间用在写这些文章上太奢侈了。”我困惑了，禁不住反问了一句：“那么，在你看来，时间花在哪些事情上才不算奢侈呢？”她没有回答。我无法准确地阐释“奢侈”一词的含义，但我比较确定的是，她那句话的确切含义是：“花时间写这些文章太浪费了。”也就是说，“奢侈”其实是“浪费”“不划算”的同义词。当然，一件事情或一种消费是否奢侈，这与当事人的消费能力及其身份有关：富人眼里的必需品，对穷人而言便可能是奢侈品；普通穷人的必需品，在乞丐眼里便可能是奢侈品。一想到这里，我便觉得很有意思：我视写作为生命之必需品，她却认为我花时间写那些破文章太奢侈（她不是一个人在“战斗”，这种观点很有代表性），也就是说，我眼里的必需品乃是她眼中的奢侈品；照此看，我跟她的关系，基本上相当于富人跟穷人的关系了。哥当了多年的穷人，而今，终于有人用一句“你这样太奢侈了”让我体验了一回当富人的滋味，好得意啊！我真是对她充满了感激之情，感谢她提醒了我，尽管，她最初说的那句话只不过是表明一种不认同而已。

有了富人思维之后，我发现，即便是穷，也可以穷得很有底气、很有尊严。

才气、谦逊与傲气

我与一个朋友争论时，突然“指责”对方总是显得很傲慢，但为了证明我所说的“傲慢”并无贬义，我只好又补充了一句“有才华的人往往都是很傲慢的”。

不过，我曾经有过这样一个肤浅的认识：大学问家通常比小知识分子谦虚——前者往往并不掩饰自己的无知，而有半桶水的后者则总是竭力显示出一副学识渊博的样子；前者很少摆架子，而后者常常自以为了不起，评论这个指责那个。对此“理论”的过分迷恋曾使我幼稚地认为在一定意义上，傲慢的程度与水平的高低成反比。

第一段的最后一句与第二段的最后一句其实并不矛盾：但凡特别有才华的人，尤其是文人，即使他在为人处世方面特别谦逊，但骨子里的傲气总是难免的——读亚当·斯密、巴斯夏、弗里德曼、张五常、郎咸平、陈志武、柏杨、周国平、鲍鹏山等人的文章，总感觉他们的傲气无处不在，那种傲气可以集中概括为郎咸平的话“你们（读者及听众/同行们）都是错的”。但这种傲气并没有给我带来任何的不舒适，相反，我常常被他们那种傲气所折服。不过，我猜测以上的“傲慢大师”中除郎咸平之外，其他人在日常的工作、学习和生活中应该还是谦虚的（如同复旦的名教授尽管在批判上海交大的名教授时声音洪亮，趾高气扬，但他面对苏清涛这样他连名字都叫不出来的差学生时总是和蔼可亲、平易近人），这可概括为“傲慢做文、谦逊做人”。

对充满才气的人来说，他的傲慢与谦虚并不矛盾，反而是相得益彰：傲慢还是谦虚，这与他所面对的对象、所处的场合大有关系。

大师/才子才女在日常的为人处世中谦逊，是因为他/她所面对的对象通常都是苏清涛这样的普通人，我们这些普通人与他/她根本就不在同一个重量级上，他/她没有必要对我们傲慢——他/她是面对小人物时才谦逊。而一旦他/她所面对的对象是与他/她处于同一个层次的甚至是水平在他/她之上的人时（水平高低依评判标准而有不同的结果，这里指按社会普遍标准衡量），他/她很少会谦虚。天才的凯恩斯用一句“从长期来看，我们都是要死的”就将他在经济学家同行们面前的傲慢发挥得淋漓尽致；师出同门的弗里德曼与萨缪尔森在争论观点时，他们都是不谦虚的——郎咸平与陈志武互相批判时，他们都是傲慢的。

同样地，一个自认为很有才华的人，他在公众演讲、写文章的时候可能会非常傲慢，而在私下场合则凭借谦逊来赢得尊敬。傲气主要表现在一对多的场合，而谦逊则主要表现在一对一的场合。因为你面对一个特定对象表现出来的傲气无疑是对对方的一种伤害或者得罪，而面对较多人表现出的傲气则没有要伤害或者得罪特定的某个人的味道。

大师们的傲慢，主要是针对权力的。因为权力的拥有者常常不自觉地俯视别人，所以大师们总是要时不时地提醒他们注意自己究竟是个什么货色。亚历山大大帝去拜访哲学家第欧根尼，居高临下地问哲人有什么请求，据说第欧根尼答道："劳驾站开点，不要挡着我晒太阳。"

知识分子的傲气也是一种非常高贵的品质，傲气本来就是他才华的重要组成部分，或者说傲气提高了才华的质量，如果没有了傲气，那他的才气便会逊色不少。现在好多"知识分子"，最大的才能就是"摧眉折腰事权贵"，在权力和财力面前表现得十分谦虚，他们最主要的身份就是利益集团的御用文人，却缺少第欧根尼那种傲气——缺乏傲气也是才能不足的重要证据。才能不足的人，公众能指望他提出什么有价值的东西呢?

为什么理想主义者常常会“死得很惨”？

无论在爱情方面，还是在商业和政治领域，追求太高、具有理想主义情怀的人一般都会“死得很惨”，而追求稍微低一些的人则常常如鱼得水，为什么呢?

因为后一种人往往都是实用主义者，他们做一件事情看重的是结果，不论用什么方法，也不管这个方法是否高端，只要能达到目的就行，而理想主义者更关注的则是过程的趣味性，也就是说，有些方法，明明很管用，但因为它看上去实在太过于低端、不具备美学价值，因此就弃之不用。他们的理想能否实现，并不完全取决于自己，更加要取决于他人（追求对象、客户、公众）的评价，但因为他人与自己对某些问题的评判标准（品位）并不一致，因此，就会出现二流的手段实现了一流的目标，而使用一流手段的人却惨遭淘汰的局面。

但文学、思想和艺术等领域，却是理想主义者的天堂，为什么呢?

因为在这些领域里，创作乃纯粹是个人的事情，不需要跟那些水平比较差的人合作，也不需要迎合庸众的口味。因此，即便是他们搞出的优秀作品过分地领先于他所处的时代，在短期内无法得到庸众的认可，但再过个几十年、几百年，当读者真正成熟起来的时候，他们就开始发光了。事实上，在这些领域里，不具有理想主义情怀的人，很难发光，即使能侥幸地火起来，也必定是短命的，因为，公众总有成熟的一天。

前后对比之后的结论是：在凡是需要跟他人合作的领域内，理想主义者前进起来都非常吃力；但凡是在不需要与人合作的领域里，理想主义者都能如鱼得水。为什么呢？理想主义者不擅长与人合作。

那么，理想主义者为什么不擅长与人合作呢？一是自我意识太强，盛气凌人；二是那些理想主义者不得不与之合作、不得不接受为其打分的他人，大都是些庸众。

不要被自己的“优秀”给坑了

近日读黄仁宇的《中国大历史》，书中提到秦统一中国的原因时说：“秦国实际上得到经济落后的好处。经济落后才能强调农业一元，动员起来，专一雷同，内部的凝聚力也强。”这让我开始琢磨，为什么有些人明明资质平庸，却能在某一个领域内取得了不起的成就?

大抵是，与秦“得到经济落后的好处”相似，这些人，实际上也得了资质平庸的好处——认识到自己的资质平庸，反而使他能够选择一个自己具有比较优势或不那么差劲的领域，专注于其中，踏踏实实、一步一个脚印前进。钻研的时间长了，便取得了成就。相比之下，有一些资质比较好的人，因为自我感觉太过良好，觉得自己具备成为通才的潜质，便“水性杨花”，在各个不同的领域内发展“爱好”，结果，因为不够专注，反倒一事无成——每样都懂一点点，但没有一样是真正能够拿得出手的。这些人啊，实际上是被自己的“资质不错”给害惨了。

还有，我们也常常发现，有些人明明十分平凡，却能遇到不错的伴侣并缔结良缘，而一些十分优秀的人，常常在爱情上不得志，为什么？因为前者实际上是享受了一种“平凡红利”，对自己平凡的恐惧，使他们缺乏安全感，但正因为缺乏安全感，反而会用心去经营一段感情；而后者，因自恃异性缘好，往往飘忽不定，结果让自己成了情场上的失败者。

马云创业的艰难时期，团队中一部分有能力的人走了。离开的，未必有多出色，但至少，在当时肯定是能找到比阿里巴巴更好的去处。但坚守下来、现在成为富豪的，也未必全是因为热忱跟忠诚，而更可能是，凭他自己当时的能力，一时半会儿还找不到更好的去处。

能力强的人，选择机会多，就更经不起诱惑，当然，这并不是说能力差的人就能抵御诱惑，而是以他自身的条件，还没有诱惑愿意垂青于他，即使有，他也把握不住。类似地，那个因为专注而成为情场赢家的人，也未必是因为专一，而极有可能是，他的确是太平凡了，没有诱惑愿意降临。

罗曼·罗兰说：“与其花许多时间和精力去凿许多浅井，不如花同样的时间和精力去凿一口深井。”然也。术业需专攻，如果禀赋还没有好到可以多面开花的程度，精力也没有充沛到能全方位开发潜力的程度，那就最好先享用自己的“平凡红利”，选择自己具有比较优势的那一件事情做才好。

有时候，优势反而是一种累赘

总体感觉，在江浙沪一带，菜肴的丰富，主要是建立在原材料（指主要原材料，不包括配料）丰富的基础之上的，烹调工艺则比较单调（单调，不等于简单，正如同，丰富不等于复杂）——一种主要原材料，所对应的，也就只有那么一两种搭配方法和烹调工艺；如果原材料的种类有限，他们是搞不出什么新花样的。

但在西部，新疆、甘肃、陕西和四川，小吃的丰富，并不依赖原材料的多样性，而主要是靠各种花样的烹调工艺和作料搭配方法——同一种原材料，可以有五六种做法，外观和味道各不相同。所以，即使是原材料不够丰富多样，也能让你吃个意犹未尽。

因此，可以这么说，江南小吃走的是粗放型的资源密集型道路，而西部地区的小吃走的则是精细化的技术密集型道路。

当然，这并不意味着江南人真的就不擅长厨艺，更不意味着他们在烹调方面缺乏创造力。真正的原因是，江南因其自然环境上的优势，食物资源要比内陆地区丰富得多（海鲜方面的优势尤其明显），但资源的过于丰富，反而会催生出一种智力上的懒惰——有这么多种类的原材料，我只要沿袭约定俗成的那些老套的工艺，就已经有很多种吃法了，当然也就没有必要再动脑子去创新了。

而在处于内陆的西部，菜肴的原材料种类并不多，如果每种原材料都只有一两种做法的话，那加起来也不会很多，这样，吃法就很单调了。为了克服原材料不足的困难，在烹调工艺（包括作料的搭配）上推陈出新，走出了多样化，由此一来，尽管原材料不丰富，成品却是种类多多。有很多人简单地将作料的搭配做了“辣”与“不辣”的区分，这就很容易掩盖掉很多更重要的信息：即使把辣椒的因素完全排除在外，西部地区小吃中对作料的搭配，也要比江浙一带精细得多。

在吃的问题上是这样，但如果话题转移到经济发展方式上，则完全是颠倒过来了：西北地区，走的主要是粗放式、高能耗高污染的资源密集型道路，相比之下，江浙一带，走的则是技术密集型、资金密集型道路。（诚然，后者并不是绝对有技术含量，但相对于西部地区，优势还是相当明显的。）除了两个地方地理位置、科技底子、投资环境方面的差异外，西部地区自然资源过于丰富所造成的“路径依赖”也是一个很重要的原因。所以，西部地区走上这样一种很不健康的发展道路，在一定程度上可以说，是被资源给宠坏了。被资源宠坏，刚开始会活得很舒适，到最后，往往会死得很惨，就像温水煮青蛙一样。昨晚看到一篇报道，是写陕西神木县的债务危机的，这是个当年以全民免费医疗而出名的地方，该县的主要财政收入来源于煤炭，当地一位官员问："将来，煤挖完了怎么办？"值得深思。一个地方如果只有资源优势，也只懂得发挥这个现存的优势，那反而会错过经济结构调整的机会、提升产业层次和经济发展模式的机会，最终结果势必是资源越多越倒霉。温州人多地少，并且地形也很差，农民单靠种地很难生存，况且当地也没有什么资源、科技优势，但正因为如此，温州人才会走南闯北，到处经商，成为全国最富有的群体之一。（当然，最近温州的经济似乎出问题了，此是后话。）温州人之所以能够绝处逢生，这完全是被逼出来的——温州人没有什么优势可利用，他们只是利用了自己的资源劣势。

通过江南与西北的小吃风格及两地经济发展模式的对比，我们可以得出这样一个结论：有时候，优势反而是一种束缚和羁绊，再说得难听点儿，这优势，简直就可能成为一种累赘——它把你的思维及发展道路限定在那个固定的框架里面。有那个优势，如果不用的话，你会觉得可惜，所以你被逼着、不得不去利用它。刚开始是利用，到后来，利用就变成了依赖，这一依赖，你的地位就由主动转向被动了，就可能误了事儿。倘若是一无所有，反而会不拘一格地横冲直撞，说不定还会爆发出惊人的力量呢。

有一次，一位朋友参加一个展会回来后告诉我，有一个OEM制造商（OEM，即贴牌代加工）在自己的宣传资料上说："OEM，是利用自己加工制造的优势，通过大客户的渠道来集中营销。"其中，"利用自己加工制造的优势"这几个字，真是让人忍俊不禁——加工制造，明明是处在产业链的最低端，竟然也能被说成是"优势"？

按照这个逻辑，似乎是富士康利用了自己“加工制造的优势”，然后通过苹果的渠道进行集中营销，苹果变成了富士康的代理商。苹果，拥有“不善于加工制造的劣势”？当然，这个参展商，能通过文字游戏，把自己的劣势给说成优势，也真算是一种本事。不过，这个参展商，如果当初不具备“加工制造的优势”的话，那他说不定就把主要精力放在研发上，让别人给他做代工了。幸亏乔布斯不具备“加工制造的优势”，要真有这种优势的话，说不定他一开始就走富士康的路线了。在中国，很长一段时间里，我们一直把自己的劳动力和原材料的廉价当作一种优势，甚至是当作“核心竞争力”。可是，在某种意义上，我们的经济发展质量，正是被这种优势给拖累了——这种低层次的优势或竞争力，在刚刚打开国门一穷二白的情况下用用未尝不可，但如果一直依赖于此的话，那就等于一直在进行低水平重复建设，经济发展的层次将无法提高。

朋友还跟我讲，他自己当年创业的时候，因为没有钱，选择了资金门槛低的贸易行业，后来，借助贸易公司的平台，又创立了自己的品牌，但自己不从事加工制造，而是让别人给他OEM。这是一种很先进的模式，也是国际一流公司做生意的模式。他还告诉我，如果创业之前钱比较多的话，他可能就办工厂了——制造业，可能以后就沦落到给人OEM的地步了。因为缺钱，所以避免了一种落后的模式——富士康的模式，而走上了一种更先进的模式——苹果的模式。听过他的反思之后，我就想起马云在《赢在中国》中对那些创业选手讲的一句话：“对创业者来说，有时候，失败不是因为钱不够，而是因为钱太多了。”具体到朋友的例子上，不是失败与否的问题，而是哪条路更好的问题。如果具备了资金雄厚的优势，就可能走弯路；现在，反而因为资金短缺的劣势，而走了捷径。

我又想起一个事情：许多由大牌明星代言的广告，其策划水平往往都特别拙劣，看起来缺乏艺术效果。譬如，唐国强和刘翔给平安保险做的广告“买保险就是买平安”，姚明给中国人寿做的广告中的那句“有中国人寿在你身边，我很放心”，唐国强给今麦郎方便面做的广告中的那句“皇上吃了都说好”，黎明给采乐洗发水做的广告“去屑，就是这么简单”（重复三遍），任贤齐给雨洁洗发水做的广告中的那句“去头屑，用雨洁”（重复三遍）等，不一而足。当然，大牌明星代言的广告烂，与这些明星的水平如何，没有毛关系，关键原因是，大牌明显的死忠粉比较多，广告即使很烂，也照样有消费者买账，所以，商家就无须在广告的策划水平上下功夫了。也就是说，这些商家，利用了形象代言人大牌的优势，反而整出来了粗制滥造的宣传广告。

像资源、廉价劳动力、加工组装等诸如此类的优势，因其不具备什么技术含量，所以，我们将它称作“低层次的优势”。

具备一些“低层次的优势”当然好，但并不一定就要完全利用这个优势，更没有必要依赖这个优势。优势也是一把双刃剑，如果你过分依赖它，它可能就变成劣势了。那些有成长潜力的公司和国家，要么是不具备这些低层次的优势，绝处逢生，如日本；要么是虽然有这些优势，但是他们对这样的优势弃而不用、不依赖这样的优势——全球各主要资源大国，大都走的是资源密集型道路，甚至连俄罗斯也不例外。但是，美国，虽然也是排名很靠前的资源大国，它却并没有好好利用自己的资源优势，而恰恰是这个不懂得利用优势的国家，成为世界头号强国。

形象，歧视；敏感，自卑

国庆假，同学小Y和小J一干人等来我所在的城市玩，我去火车站接。胡子好几天没刮过，上衣好久没洗，我就是以这样的猥琐形象出现在火车站的出站口的。果然不出我所料，小Y与我碰面后的第一句话就是批评我要注意个人形象："你平时都这个样子还怎么开发客户啊？""我这不是来接见你，才故意整成这副样子的嘛。我知道批判我的个人形象，能给你带来乐趣，所以才自毁形象的。"

我找的借口当然不能够被认可，小Y紧接着又再次给我强调个人形象的重要性，似乎在他眼中我特别不开化，对这些道理一无所知。"在上海真是见识了太多人的势利、以貌取人、看人下菜，像你这样形象不好的人会遭遇好多麻烦和不便。比方你出上海火车站丢了车票，工作人员看人下菜觉得你可疑，肯定会要求你补票，但小J这样穿得比较好（全身名牌）的人，没有票的话解释一下也许就混过去了；去服装店买衣服，那些势利的服务员看到穿着比较好的人毕恭毕敬，看到穿着寒碜的顾客爱搭不理的。你只需要增加很少的成本改善自己的形象，就可能避免这些不便。”与前面一段相比，此时关怀的重点已经从我的邋遢转移到服装档次不高上面了。这倒不全是增加多少成本能不能被接受的问题，更重要的是我向来根本没有太多心思去考虑穿着这些东西，我觉得逛服装店简直是浪费生命，除非是确实需要添加衣服我才会专门跑一趟。有一次从苏州观前街的客户那里出来后顺便进了服装店，我看了下裤子的尺码差不多，试也没试就买走了，在衣柜里面一放就是几个月，直到四个月后拿出来试，才发现尺寸竟然不合适。不怨天、不尤人、不自责，接受现实而已，尽管面对某些事我总是斤斤计较、小肚鸡肠，但面对着装这种琐事我向来是如此豁达。

尽管当时小Y的话让我很不舒服，但其实我承认，他提到的这些现象是符合事实的，甚至是司空见惯的。当年我的大学同学兰总就因形象不佳被上海火车站的民警关注过：兰总那次穿了条很破旧的牛仔短裤（由剪刀技巧并不熟练的兰总自己动手将破牛仔裤的小腿部分剪除而得来）去火车站，民警看他形象不好，估计他是小流氓小混混，遂提出检查身份证，兰总没带身份证，只是用复旦的学生证应付才勉强过关。但是，兰总的思维与我是相同的，只因服装不顺眼而被猜忌，这是你民警的问题而不是我的问题，于是兰总在临走时对那民警说：“我真怀疑你的职业水准！”假如这个故事的主人公不是兰总而是小Y，那他会指责民警的职业水准有问题吗？应该不会，小Y的思维方式，应该是首先反省自己的形象。

小Y还说："如果你是大学教授则可以我行我素，但你的工作性质决定了你常常要面对好多以貌取人的势利小人。"我明明在境界上与大学教授是一样的（我暂且厚颜无耻地假设如此吧），却为何还要以某些庸俗不堪的市井小民的标准来要求自己呢？那些没有涵养的浅薄透顶的势利小人本来是我所蔑视的对象，现在你却建议我为了迎合这些人而让自己活得不真实不自然，这不是降低我的档次吗？面对势利小人，我们最常犯的错误就是，一方面谴责他们狗眼看人低，另一方面却又千方百计地迎合他们的"狗眼"。

服装档次不高可能受到势利小人的歧视，这种理论固然是正确的，但形象的重要性也被过分地夸大了，事实上只有在极个别的情况下，形象不佳者才会有如此遭遇。尽管我一直形象不佳，尽管我在上海这个据说是势利小人很多的地方生活了四年，尽管我也接触过好多可能是势利的人，但我极少感受到歧视的存在（现实中的歧视总是比我们想象中、预期可能遭遇的歧视要少得多）——或许是因为我比较愚钝、麻木吧；另外一部分人之所以感到势利小人无处不在、歧视无处不在，大概是因为过分敏感了吧。因此，尽管小Y与我关系很好，他也在很多事情上热情地帮助过我，但这次他提的建议，我并不能虚心接受。

现在，我们跳出"本案"，来谈谈"形象与歧视"的问题。

"被歧视"这东西，心中有，则有之；心中无，则无之。你越是敏感地担心人家歧视你，就越能感受到歧视；你越是麻木地不去考虑他人的无聊看法，就越是难感受到歧视。

过分注重用服饰、发型这种外在的东西来包装自己，通常是自信心不足的表现。自卑心，尽管并不是我们对外部评价过分敏感的唯一理由，但它总是加剧了这种敏感的程度。据此我进一步推理：自信心不足的人特别care（关注）所谓形象问题，care形象的人往往认为别人也同他一样care形象。对形象的过分包装只是暂时掩盖了我们自信心的不足，却没有从根本上消除我们潜意识中的自卑心，因此我们尽管包装了，却还是担心别人认为我们形象不好。我们越是自卑，越是能够感受到来自他人的歧视（自卑的人往往缺乏自我认同意识，较依赖于外在评价）。

有时候，其实别人根本就没有歧视我们，只因为我们自卑心太重，心里有某种阴影，老是疑神疑鬼，担心别人瞧不起我们，如果能保持内心的正直与自信，即便对方真的有歧视心理，我们也是很难感觉到的。（常常有一些毫无内涵、夸夸其谈的轻浮浅薄平庸之徒在我面前表现得志得意满信心十足，尽管这些家伙不能正确认识自己，但是这些人的那种“感觉不到歧视”的淡定与自信，则是颇为值得那些有“歧视恐惧症”的人学习的。）

有时候，地位越高，越自卑

我们往往不能接受自己的虚荣心被他人质疑，因为这会使得我们脆弱的自尊心受到伤害。我们往往会自我辩护："虚荣心与自尊心、荣誉心的界限很模糊"。

亚当·斯密在《道德情操论》中指出这样两种感情：对赞扬本身的喜爱，对值得赞扬的事情的喜爱。显然，获得赞扬的事情未必真正值得赞扬，而真正配得上赞扬的事情又未必能获得实实在在的赞扬。他所说的"对赞扬本身的喜爱"，可以概括为虚荣心。

虚荣心强的人往往缺乏自信，缺乏自我认同感。他的自信不是来源于"我是怎样的一个人"，而是来源于"我在他人眼中是怎样的一个人"。

虚荣心强的人，既然缺乏自信，当然容易自卑。我在高中时老不会写作文，每次考试最头痛的就是语文，通常都是其他人试卷都交了，我的作文还没写完，我为此感到自卑。我现在之所以一直努力把文章写好，有一个重要动机就是弥补当年的自卑感。

自卑心，尽管并不是一个人对外部评价过分敏感的唯一原因，但它总会加剧这种敏感的程度。

虚荣心强的人，自我意识很弱，太在乎外部对自己的评价，因而对外部评价格外敏感。

虚荣心越强，往往意味着自尊心越脆弱，因为脆弱的自尊心总是与敏感程度联系在一起。我只知道有“自尊心脆弱”这一说，而不理解“自尊心很强”是什么意思。仔细回味一下，我们通常说的“××自尊心很强”，含义与“自尊心很脆弱”并无任何实质的区别：爱面子，不能在公开场合接受批评——一旦虚荣心无法得到满足，自尊心立刻受到伤害。

上级的虚荣心往往比下面的人要强，因此他们的自尊心比下面的人更脆弱。

上级可以在公开场合发脾气责骂下属，下属的面子、自尊心是不重要的；而一旦那个下属胆敢“犯上作乱”，在公开场合质疑（即便这个质疑是合理的，也会被认为是顶撞和冒犯）他的上级领导，那一定会伤害到该上级的虚荣心和自尊心。

下面的人去求上级办事，如果不懂规矩，空手去了，那铁定会让不少上级觉得“我这官白当了，连下面的人都不把我放在眼里，太没面子了”，于是该上级的虚荣心没有得到满足，自尊心受伤、感到自卑。但如果是下面的人被上级交代办一些私事，则下面的人会感到十分荣幸，他们是不敢奢望“上面的人”给他礼物的，自尊心也不会受到伤害，相反，如此受领导器重会让他自信心增加。（我记得上小学时，某老师经常在课间或者自习课上交给我几块钱：“苏清涛，给我买一包烟去。”我总觉得这是老师大人对我的一种器重，非常荣幸，屁颠儿屁颠儿地去买烟了——唉，我以前也是有“奴性”的。）

某机关副主任乙的家属或亲戚朋友来机关了，如果正主任甲对他格外关照，安排用公款接待一下乙的家人朋友，那么乙的虚荣心就得到了满足；相反，倘若甲只用公款款待自己的朋友而不招待乙的朋友，那铁定会让乙觉得没有面子，虚荣心没有得到满足，自尊心受到伤害，他会为自己的官不够大而感到自卑。相比之下，乙下面的一个普通办事员丙，面对此种情况自卑感就没有乙那么重。从这个意义上讲，有时候是官越大，越容易自卑，自尊心越容易受到伤害。

第二章

幸或不幸，取决于思维方式

真正可怕的是，还未老去，心已沧桑，放弃了年轻时的梦想，丧失了奋斗的激情，满脑子里只有绝望和无力感。但只要你仍然在坚持和追求梦想，仍然有奋斗的勇气，不管你是否已经成功，你都是强者。

幸或不幸，取决于思维方式，而非实际生存境遇

朋友问我，如何看待一些人因为喜欢跟身边人攀比而影响心情的现象，我说："我正确地认识到了自己是个loser，所以，通常我不去做这种横向比较，我更乐意做纵向比较——自己的现状跟自己的过去比。纵向比较的结果，总是发现自己在不断地进步，生活质量在不断地改善，这样一来，对生活的满意度就很高了，幸福感也就比较强。"

这并不是玩笑话，而是切身感受。第一次产生这种想法，是在2011年1月的一个早晨。我平时都是骑电瓶车上班，可那天早上下雪了，路滑，为了安全，我就改乘公交车了。在坐上公交车的那一刻，我突然想起上小学时的艰苦条件。每天早上从家到学校要七八里路，如果遇上下雪，就不能骑自行车了，只能步行。而且，那是农村，下雪之后，麦田、小沟壕和道路都变成一个样儿了，分不清哪个是哪个，很容易迷路，经常是走着走着发现走错了，甚至掉进路边的沟壕里。在十多年后的今天，遇到下雪天，我可以坐公交车，再也不用害怕迷路了，生活水平提高了多少倍啊！这么一想，幸福感油然

而生。

我小时候喜欢吃羊肉泡馍，但家里穷吃不起啊，就是过节的时候我爸才带我们几个进一次羊肉馆，馍还是从家里带的。小学五年级暑假（1996年）的某一天，我妈给了我七块钱，我和我表弟两人去吃了一次羊肉泡馍，那天我还带了一个新手帕（所谓的新手帕，也不是多精致，就是我的裁缝妈妈用给别人做衣服“贪污”下的边角料做的）。那次吃完羊肉泡馍，我狠狠地用手帕在嘴上擦了一下，然后，两个月没有舍得洗手帕。后来每次我再想吃羊肉泡馍的时候，就把那条手帕拿出来闻一闻上面的膻味。（之后我在余华的小说《兄弟》中看到了类似的情节，感到非常亲切。）

曾有朋友说：“看到这个故事，很心酸。”我却说：“没事啦，我自己倒不觉得心酸。也许，旁观者更容易把那种经历视为一种不幸吧，而亲身经历者的体会可能更复杂一些。”这种经历，当它经过时间的沉淀，转化为回忆时，就是幸福的，并且，当我能够把它告诉一位知心朋友而不怕被嘲笑时，它就是幸福的一种素材。

当时为了强调我的这种体会，我还向这位朋友补充了另一件事情：“十几年前，我写情书的时候还买不起邮票呢！”

1999年9月，我进入庆阳一中，当时的单恋对象D×进入庆阳师范（中专）。那时候，宿舍都没有电话。两所学校之间没有直达的公交车，坐出租车得花3块钱，而我又出不起——3块钱，那可是比我一天的生活费还多啊！我只能偶尔借同学的自行车去师范，或者干脆步行一小时。我还记得，开始时很不好意思去她的学校找她，那么大的学校，宿舍又没电话，也不好找啊。我想寄信，却又舍不得花8毛钱买邮票。（8毛钱啊，我两天的早餐啊，我还记得当时有同学就建议我少吃早餐，把省下来的钱拿来买邮票。）有一次，我写好信后骑着同学的自行车到了庆阳师范，将信放在了收发室的窗台上，然后就走了。起初，我还担心，这样她能不能看到那封信，后来听他人转述，那封信她收到了，不过他们一致对我不贴邮票的猥琐行为表示了无情的嘲讽。我不过买不起邮票而已，就值得你们如此挖苦吗？我从此以后就看不起这种低档次的鸟人了。刚才写到当年买不起邮票这段，我忍不住落泪，视线模糊了好一阵子，我知道，这泪肯定不是为D×而流，是为我自己而流——莫非，这也是一种自我陶醉？

早恋留下来的最美好回忆，就是想寄信却买不起邮票的辛酸。有时候，经济上的拮据，会让爱情显得更加有分量。

后来，我妹妹知道这个故事后也很感慨："当年我们怎么就那么穷呢，连一枚邮票也买不起。"看得出来，这篇日志引起了我妹妹对一段拮据生活经历的回忆，她感到有点难过。不过，跟我妹妹不同的是，我当时回忆这件事情的时候，并不觉得生活有多么辛苦或心酸，相反的是，我在日志中写这件事时，完全陶醉于一种幸福的感觉中，这就类似于欧·亨利的小说《麦琪的礼物》，我们更倾向于说它的结局是喜剧，而不是悲剧。

对买不起邮票这件事，我们可以从两个角度来看：你写好了情书，却没钱买邮票，这固然是不幸的遭遇，但是换一种思维方式，感受则迥然不同：我明知自己买不起邮票，却还是会去写那封情书，这就是幸福。

苏子曰：从本质上讲，一个人的幸福、痛苦、快乐及悲伤，主要取决于思维方式，而非其实际生存境遇。

对了，此时此刻，我正坐在一张很简陋的餐桌前写这篇文章。我租的房子条件差，连张书桌也没有，这算是一种不幸遭遇吧。但是，即便条件如此简陋，也阻挡不了我读书写作的热情，因为内心的专注，可以让你忽略外部条件的简陋，这，就是幸福。

说到学习的条件简陋，还得补充一条：我直到2011年3月才开始拥有第一台属于自己的电脑。2009年刚到公司时，我提到要买台电脑，当时我们经理说："现在业绩不好，工资又不高，没必要乱花钱，买什么电脑，你用公司电脑就行了，晚上在这玩一会儿再回宿舍吧，周末也可以用公司电脑玩啊。"（我当时租的房子离公司特别近，步行七八分钟就到了。）从2009年6月到2011年3月这段时间，我的150多篇人人日志，除了4篇是用手机写的，其余的全部是用公司电脑写的。（有相当多一部分是晚上用手机打草稿，白天抽空誊写在公司电脑上的。）虽然现在回头看，那些日志大都写得不怎么样，但对我这个之前从来没写过东西的人来说，那是一个不断提升的过程，没有那些利用公司电脑写出来的"糟粕"，也不会有后来那些高质量的文章。穷得连台电脑都买不起，这是一种不幸遭遇，但正是因为买不起电脑，我才有机会感受到来自公司主管的关怀，这，就是幸福。还有，尽管因为买不起电脑，以至于《江苏教育报》约稿的时候，我还是用手机写，但我那几篇文章质量也还可以，这让我颇有成就感，这，就是幸福。

前几年的经济困难，并不只是买不起电脑，更严重的是交不起房租。这的确很不幸，但正是这个不幸遭遇，让我有了一个绝好的机会体验到友谊的力量：朋友司元凯帮我在复旦宿舍里面搞了张空床，我在里面蹭了两个月；在昆山的一年半时间，我都住在占国租的房子里，没交过一毛钱房租，可见我的脸皮有多厚啊，这，就是幸福。

刚做销售那阵子，没什么业绩，某同学劝我跳槽："你一个月挣的那点钱，连一包手淫完用来擦手的卫生纸都买不起，还是另谋出路吧。"但我觉得自己已经没有退路了，中途放弃太丢人，也太对不起前期的付出了，于是我还想再坚持下去："钱没有的话可以少花点嘛，尽管我不能做到不手淫，但最起码能够做到手淫完不用卫生纸擦手，这样就把买纸钱省下来了嘛。"业绩差、买不起卫生纸，这是不幸遭遇，但是对我这样一个把说俏皮话和吹牛当作至高无上的追求的人来说，能说出"最起码能够做到手淫完不用卫生纸擦手"这么不要脸的话，也是幸福。（"买不起卫生纸"这个例子被我在不同场合引用了好多次，不是我喜欢炒冷饭，而是该同学的那句话实在太经典了。）

很久前跟女神谈起我钢笔字写得太烂的问题，我说："我的书写能力，从初中开始就被老师批评。果不其然，高考也因为这个吃了亏。不过，幸亏高考分数因为书写功底差而吃了亏，否则，我可能过的完全就是另外一种生活，也就不可能认识你了。所以，我得感谢自己的字写得这么烂，让我阴差阳错地认识了可爱的你。”因为字写得太烂而使分数受到影响，这是一件相当不幸的事情，但也因为字烂，让我有机会认识了心爱的姑娘，这，就是幸福。

最近一段时间，老是想起小时候的一些事情。1991年至1992年，《雪山飞狐》正热播的时候，我们家里常常停电，好几次都是昨晚恰好演到关键处，今晚却不能看。最后，我妈拿出的对策，竟然是晚上骑自行车，带着我、我妹妹和我弟弟，一起去我姨妈家看《雪山飞狐》。我姨妈家离我们家七八里路呢，电视剧结束后，都10点左右了，然后我们再一起回家。也许，在没有经历过那种生活条件的人看来，这是一件很傻的事情，但是，以我们当时的条件，晚上没电，不能看书不能做任何事情，待在家里多无聊啊。好在我妈带着我们长途跋涉去看《雪山飞狐》，从中，我看出了我妈对生活的热爱和激情，这，就是幸福。(现在对我妈做个介绍：高中学历，普通的农民，尽管我现在对我妈的好多观点还不认同，用现在的流行语来说我妈不过就是一个女草根出身的loser，但是，我不得不承认，我妈是我心目中的偶像级人物。现在回头再看《雪山飞狐》这件事的意义，远远大于在我未上学之前学完了一二年级的课程。)

幸福感，是一种思维方式；感知幸福，是一种能力。我想起《蜗居》的最后几集，那个被无数观众认为“有思想、有水平”的宋思明对他夫人说的一段话，那也是我认为宋思明说过的唯一一句真正有水平的话：“如果时光可以倒流，我愿意选择另外一种生活方式，我宁愿为了评职称而跟人争得面红耳赤，宁愿为了买菜的几毛钱而跟菜贩子斤斤计较，也许这就是幸福。”也只有达到一定高度，见过大世面并且经历过人生跌宕起伏的人才能说出如此大彻大悟的话。

你之所以不幸福，是因为洗脑还不够彻底

前几天去四川省巴中市的一个贫困山村采访，一位72岁的老人在向我讲述扶贫工作开展以来他的感触时说：“现在的生活质量，比以前好出几十倍、上百倍。”然后又反反复复地说：“党的政策就是好啊！”“感谢党。”

换作以往，如果是在电视上或报纸上看到这句话，我可能没啥感觉，然而，当我亲耳听见眼前的老人几次三番地重复这句话时，我竟十分感动，他之所以反复说党的政策好，主要有两个原因：表达能力欠缺，除此之外，不知道还能说啥；他确实对当下的生活比较满意，对当下的政权有发自内心的拥护。

从聊天的内容和他说话的语气看，这位老人现在的幸福感确实挺高的，这一方面是因为他的欲望比较少，很容易满足，另一方面也是因为他被自己“洗脑”成功了。

我在本文里说的洗脑，并非传统意义上的、否定性的洗脑，它是一个中性偏褒的词语。下文所讲的洗脑，也并非统治者对被统治者的

洗脑，而主要是指自我洗脑。

每个人的脑海中、思维中都有一些会降低幸福感的因素，我们把这些负能量的东西从大脑和思维中清除出去，便是洗脑了。这种洗脑，就像是洗衣服、洗碗一样必要。

在幸福感比较差的时候，调整心态，实际上就是一种洗脑。对身处逆境的人来说，自我洗脑，就是在吸食精神鸦片。

一说到洗脑，我就不由得想起如过街老鼠般被人人喊打的“心灵鸡汤”了。但我想说的是：很多人，之所以不幸福，恰恰是因为他们对心灵鸡汤缺乏信仰、缺乏基本的敬畏之心。

处于某种同样的困境中，容易被心灵鸡汤洗脑的人，通常都能告别痛苦和烦恼，而那些始终无法摆脱思维局限性的理智者，则无一例外地充满了焦虑和忧愁，他们总是满腹的牢骚和委屈。这正是身为一个“鸡汤厌恶者”最大的倒霉和悲哀之处。

有的人，之所以将那些谈调整心态的文章都定性为心灵鸡汤，其实是因为他自己的心态很差，并且还不具备调整心态的能力——自己没能力做到，便认为别人从实践中感悟出来的东西都是空洞的大道理。一个很少被发现的真相是：大道理之所以不受人欢迎，乃是因为它深深地伤害了那些“我做不到”的人的自尊心。

我承认，上面几段之所以对“鸡汤厌恶者”不客气，原因之一其实是，我自己就是个“鸡汤烹饪者”。

有时候，我也会怀疑自己那些刷屏的意义，但一个粉丝对我说：“烹饪鸡汤，是你对我们这些俗人应尽的义务。”这句话，让我获得了一份职业尊严感。

作为一个高级鸡汤的烹饪者，我极擅长给自己洗脑。以各种硬指标来衡量，我一直都不成功。但是，我通过对成功进行重新定义，让自己也跻身于“成功人士”的行列了。

在用精神胜利法对自己洗脑的时候，我能够将蝴蝶效应发挥到极致。结果便是，几乎每一件倒霉的事情，在事后，都变成了财富。或者是，如果在遭遇了一系列痛苦之后机缘巧合地经历了一件很快乐的事情，那我常常会认为，仅仅因为这一件快乐，过去所经历的那十件痛苦都是值得的。人生有无数种可能，我也倾向于认为，已经实现的这种可能性便是最好的。诚然，这并不符合数学的法则，但我认为，给自己洗脑很重要。很多时候，只有当我们完成自我洗脑之后，幸福感才会更强一些。

人们常常鄙视精神胜利法，对此，我不敢苟同。难道，精神上不应该胜利吗？应该精神失败、精神阳痿才是对的吗？

这么多年来，我对自己的洗脑基本上是成功的。

几年前，我曾经问过一个女生：“我身上最吸引你的特质是什么？”她的回答高度凝练：穷困而不潦倒、失意而不落魄、悲情而不悲伤。是的，我就是这个样子。而这一切，都得益于我多年来给自己喂鸡汤。

哈佛《幸福课》里面有个观点：行为影响态度。据此，我更加相信，鸡汤文写得多了，自己的幸福感就会更强。还有一个例证：我给一个姑娘写情书的时候，会搜肠刮肚地把她身上的可爱之处全部写出来，结果，情书写完之后，我发现她比以前更可爱了，我也更爱她了，当然，我的幸福感也更强烈了。

洗脑的功效真是无处不在啊！

当然了，通常情况下，我们总是不能接受自己被别人洗脑。即使已经被洗过了，自尊心也会使我们羞于承认。既然你不愿意被别人洗，那么，就自己给自己洗吧。

说了这么多，不知道，作为这篇文章的读者，你究竟有没有被我洗脑呢？

PS：

不过，也许洗脑只对比较感性的人才管用吧。那些理智者，应该对洗脑会特别恼火吧？因为你对他洗脑，他会认为你是在侮辱他的智商。而且，这些人都喜欢较真，较真到无趣的程度，这样就没意思了。你之所以不幸福，就是因为太理智了——太理智，反而导致你对幸福的体验能力比较差。

让你干什么才不算“大材小用”呢?

一个朋友向我吐槽工作中的不如意，在好言安抚了他一顿之后，我说：“当然，也不全是工作的问题，你自己的心态也大有问题。听得出，你觉得自己干这个事情，大材小用了。”

可依我说呢，百分之九十以上（胡扯的）的人都觉得自己是大材小用了，你不必觉得自己很亏。再说了，你既然觉得自己大材小用了，那我问你，你觉得自己干什么事情刚好岗位跟能力相匹配，没有大材小用？你答得上来吗？你肯定答不上来！在从Top5高校毕业后，我曾经做过一些连初中生都能胜任的事情，却仍然收获颇多，因为我没有觉得自己有什么才，也就没有大材小用的委屈感。

还有，你说这个工作太简单，学不到东西了，问题是，这份很简单的事情，你能不能百分之百做好？如果连这个简单的都做不好，凭什么要求更有技术含量的？你认为学不到东西，关键原因是，你在做的时候，只是带着怨气，以完成任务的心态去机械地重复，而没有用心去思考、去总结，结果就是，哪怕做了几十次，你的水平仍然是在原地踏步。

还有，能不能学到东西，好像与你所说的工作太枯燥没有什么关系吧。我一直觉得党报枯燥乏味，但我们有时候开选题会的时候，领导讲他从党报上看的东西，我觉得他讲的那些很有价值啊。所以，不是党报太无趣，可能是我自己水平有限，没有从中淘宝的能力。

工作乏味不要紧，但我们自己一定不要成为乏味的人。

不是职场人际关系难搞，而是你自己难搞

一个刚大学毕业、即将迈入职场的小朋友问我："听说参加工作之后，人际关系比较复杂。你作为过来人，怎么看？"

听说？听谁说的？那个传播这种谬论的人，真是很傻很天真。

参加工作这些年，尽管我一直单纯并幼稚，也不善交际，但我没有怎么感觉到自己被职场人际关系问题困扰。与此相反的是，我反倒觉得，自己在职场上其实蛮受欢迎的，大家也都对我蛮照顾的，我甚至跟某些同事的关系比跟大学室友的关系还要密切，面对他们时更加能袒露自己的内心世界。

因为我傻，所以我不会去琢磨怎么做人，既然不用戴面具，那我肯定过得比较轻松了。譬如说，我就不会为了讨好谁而刻意地卖力工作，多揽一些他人的工作在自己身上，然后等到人家不领情或对自己的功劳视而不见的时候又觉得自己很委屈。（我当然会出于感恩的心或者助人为乐精神而做一些分外之事，但这跟为了讨好别人而做事完全不是一码事儿。）相反，我常常赤裸裸地"偷懒、拈轻怕重"——

我会以自己“能力有限无法胜任”将某些差事推托出去，然后再将别人吹捧一顿、戴几顶高帽子，让他们乐滋滋地去做。意见不合的时候，我也会跟同事争论，甚至争吵，就像当年跟同学们吵架时那样坦诚；大体上讲，开诚布公的争论，要比那种表面上一团和气的“好修养”要有效得多——吵过，过不了几个小时，不就又好了吗？可是，那种“和气”，背后却往往酝酿着一些无法调和的矛盾。

以前做销售的时候，我会特别向同事声明我的原则：客户不是上帝，老板也不是上帝，我自己才是上帝。所以，你们不要在我午休的时候打电话跟我谈工作，除非特别紧急；不要在晚上给我QQ留言谈工作，即使你留了，我也不会回复的；周末时，不要跟我在电话上谈工作，因为我要去图书馆，手机干脆关掉了。还有，我也向大家表明：我不喜欢喝酒，就是不喜欢喝，所以，我不会为了向大家表示形式上的尊重而委屈自己。

既然我这么自私、小肚鸡肠、不喜欢迁就别人，甚至是如此地不合群，那我为什么没有被排挤呢？因为，现在这个社会上，“懂事的”“成熟的”“会做人”的人太多了，偶然出现我这么一个不懂事的、幼稚的、不会做人的，准能让人眼前一亮，我的“不通人情世故”反倒显得单纯可爱了。当然，也有可能是，大家内心里可能都不欢迎我，但表面上都表现出很喜欢我的样子，让我这个傻×一直被蒙在鼓里。可是，这样被蒙着又有什么不好呢？即便这只是我的一种错觉或自我欺骗，那也是非常有价值的，我宁愿一直陶醉于这种错觉中，因为人有一个好的心情，往往要比发现那些无聊的真相重要得多。

为什么会有好多人觉得职场人际关系很难处理呢？因为他可能在进入职场之前已经先入为主地有了“工作后的同事没有同学那么好相处”这种误解和偏见了，因而，他便戴着有色眼镜、怀着警惕心理和戒备心理来看待身边的同事。想想看，如果这样，你还怎么跟人家相处呢？因为你自己首先是一个“很难相处的人”了！职场人际关系这东西，你觉得它容易，它未必容易；但是，你要觉得它难，那它肯定是难的！因为，只要有了这样的顾虑，你在真正开始与别人打交道之前，便已经很不安、很做作了；而且你已经事先对你的同事以及你们之间的关系进行“有罪推定”了，你观察的重点不是人家身上可爱的地方，而是想挑刺儿来检验自己的预见性、还要操着那不可有的防人之心！你说说，一个整天怀着“防人之心”的人，怎么可能跟别人相处得愉快呢？

鲍鹏山在《新说水浒》中有一句话：“如果说有天堂，天堂里面一定都是些简简单单的人；如果说有地狱，地狱里面一定都是成天算计别人的人。”然也。哈佛《幸福课》里面也有个观点：“你提了什么样的问题，你就会看到什么。”照此说，如果你提的问题是“我该如何应对职场中的人际关系问题及利益冲突”，那你就只能看到矛盾和冲突；如果你提的问题是“我跟他相处的过程中有哪些事情令我感到比较愉快、如何让我们的关系更上一层楼”，那么，你会发现积极的一面，因而也会愈加感到所谓的职场人际关系其实只是个伪问题。（不要认为我这是在胡扯，这个是有心理学上的依据的，即行为可以影响态度。）

因为经历、知识结构及兴趣点的不同，我们在职场上可能跟某些人的交流（与工作无关的交流）不多，可是，这又有什么影响呢？既然谈不来，那就干脆少谈吧——好多冲突，就是因为我们老试图跟不可交流的对象去交流。

我之所以觉得职场人际关系远没有我们所说得那么复杂，主要原因并不在于我自己有多么牛，也不在于我有多么不愿意面对事实，而在于我的阅历太贫乏，经历的事情太少，我还没有机会见识或进入那些人际关系比较复杂的职场。但是，我敢不负责任地断言：即便是在那些我所看不见的职场里，其人际关系的复杂性，往往也是被《办公室政治》《办公室潜规则》及《处世哲学》这样的垃圾书给“妖魔化”了的。

我甚至怀疑，某些所谓的职场人际关系问题，其实往往就是由《办公室政治》这种垃圾书给挑唆起来的！《职场生存法则》这种书，它能不能让你在职场上混得更成功，我不知道，但毫无疑问的是，这种书它只会让你觉得职场人际关系真复杂，因为，一旦你看了这类书，你自己就已经变成一个别人眼中的头疼问题了，或者说，你正在朝着这个方向努力！

把心灵鸡汤一棍子全打死，是犯了“弱智儿童综合征”

有一天晚上，某人说自己心情很不好，我连忙问是怎么了。结果，她说：“缺少心灵鸡汤。”我知道，她这是在调侃我，她所说的“心灵鸡汤”，就是我写的某类文章，或者专门用来哄女人的甜言蜜语。在这个心灵鸡汤遭遇广大有识之士一致嘲讽的年代里，她竟然还认为唯有我炮制出来的鸡汤方可治疗她的伤口，这自然让我感动不已。

心灵鸡汤，在这个年头，已经成了一个十足的贬义词。究竟都是谁在居高临下地鄙视心灵鸡汤？1.自己也在烹饪一种更高层次的心灵鸡汤，嫌别人弄出来的东西层次太低；2.唯物质主义者、实用主义者、功利主义者；3.曾经沉迷于心灵鸡汤，如今却“背叛”了的人，并且，这些叛徒在嘲笑他们之前所喜欢的东西时，往往比任何人都更加刻薄。

成熟起来了，不再喜欢某些东西，这是正常的，但成熟的标志，应该是宽容，而不是傲慢。你自己可能已经确实对它没有需求了，但你并不能因此而说别人有这种需求就是低级的，这就好比你是个富豪，觉得某些食品不好，不想吃，但你不能认为难民也不应该吃。心灵鸡汤，即便是不能拯救别人，最起码还能拯救自己，而傲慢，则连自己也拯救不了。

在这三类人中，第一类的数量比较少，绝大多数都属于第二类或第三类。

第二类人，即唯物质主义者，最可怜、最不幸。处于某种同样的困境中，容易被心灵鸡汤“洗脑”的人，通常都能过得很快乐、很洒脱，而那些始终无法摆脱思维局限性的唯物质主义者和功利主义者，则无一例外地充满了焦虑和忧愁，他们总是满腹的牢骚和委屈。这，正是身为一个唯物质主义者最大的倒霉和悲哀之处。这些唯物质主义者，总是居高临下地嘲笑那些喜欢心灵鸡汤的人逃避现实，可是如果一个人面对现实的目的就是为了得到更多烦恼和痛苦的话，那他真是蠢得可以。这些唯物质主义者，根本不可能真正认识并体会到非物质力量的价值，他们更加不可能懂得，在本质上，心理医生开导抑郁症患者的话大都是心灵鸡汤，一切宗教及唯心主义哲学也都是心灵鸡汤（爱比科泰德和叔本华的东东，简直比心灵鸡汤还心灵鸡汤）——诚然，并不能反过来说一切心灵鸡汤都是宗教和唯心主义哲学。然而，你敢说宗教和唯心主义哲学都是垃圾吗？因此，并不能简单地说是心灵鸡汤有问题，而只是部分鸡汤有问题。跟那些声讨心灵鸡汤的人一样，我也不喜欢某些学者讲的东西，从来也没有喜欢过，但我并不会因此而粗暴地给所有类似的节目和作品都贴上“心灵鸡汤”的标签并将其一棍子打死。有些人烧出来的汤不好喝，那只是他们做汤时使用的原材料和工艺还有待改善，而不是说心灵鸡汤这种产品有问题。因为不喜欢部分鸡汤的味道而大面积地黑所有的心灵鸡汤，这是一种标签化运动，也是“弱智儿童综合征”的延续。

第三类人，即心灵鸡汤消费者中的“叛徒”，这实在是动物界中一个非常奇怪的品种。叛徒们，在批判起自己曾经喜欢过的东西时，总是不遗余力的。（这正如同某些人渣在移情别恋之后，会把自己的前任说得如何如何地差劲。）有些东西，我们自己曾经短暂性地迷恋过，然而，一旦我们不再喜欢那些东西了，便去贬低它，甚至连那些至今还“执迷不悟”地仍旧喜欢它的人也一并给鄙视了。我们当然可以辩解说自己的品位升级了，而别人的品位老不见长进，但换个角度看，品位不断升级的另一面便是水性杨花，而品位老原地踏步的另一面是用情专一。故而，如今已不看心灵鸡汤的人鄙视那些数十年如一日地沉迷于心灵鸡汤的人，就像水性杨花者歧视用情专一者一样。（并不绝对如此，但在某种意义上确实是这样。）

曾经看到一本写新生代农民工的书，说是在东莞的一些工厂的墙上，到处贴着类似于“今天工作不努力，明天努力找工作”这样的标语，在那里，成功学和励志类的书是最受欢迎的。成功学和励志类的书，已被我鄙视好多年了，但这次，我却没有再鄙视。如果富士康的工人们喜欢读高层次的书，这当然是好事，我们应该为之鼓掌，但问题是，如果这些文化程度总体上不高、工作又极其压抑的人，他们一方面读不进去高深的书，另一方面又需要释放压力、保持良好的精神状态的时候该怎么办？似乎成功学和励志类的书及心灵鸡汤是不多的选择之一，在我们这些受过高等教育，并且又自认为有思考能力的人看来，成功学固然太低端，但至少借助这样的“垃圾书”来释放压力，毕竟要比嫖娼强得多。再说，如今居高临下地鄙视成功学和心灵鸡汤的人，大都曾经在自己的傻×岁月里喜欢过这些垃圾文章，差别只在于时间的长短而已。谁年轻的时候没有傻×过一阵子呢？不管你承不承认，反正我是承认了。（心灵鸡汤跟成功学当然不是同一个类型，但为了表述的方便，在这里就把它们归为一类了。）

某同学曾经问过我一个很有意思的问题：为什么职业二奶瞧不起KTV小姐？我说：“大多数（或许并不是“大多数”，具体数字有待考证）职业二奶都是从KTV小姐转型升级而来的，因此，她们所瞧不起的，并不是KTV小姐，而是她们自己的过去。”（这正如同小人物在得志后，往往喜欢把和他自己有着相同经历的人踩在脚下一样。）

你只有永远保持一定程度的“愤青”，才不至于随波逐流

一个小朋友很委屈地向我诉苦说：苏老师，我因为经常在朋友圈转发你的东西，很多同学都骂我愤青，怎么办？我安抚他说：没事儿，我明天推送一篇文章，你再分享，让那些骂你愤青的人，了解一下，自己是个什么货色。

在此之前，也有人问我，如果经常被身边的人骂为愤青该怎么办？当时，我对他说：

你只有永远保持一定程度的“愤青”，才不至于随波逐流。但凡有点精神洁癖的人，都会愤青，区别只在于表现出来或不表现出来罢了。而且，愤青与宽厚仁爱绝不矛盾，反而是相辅相成的。如果把鲁迅、柏杨的一句话署上你这个无名之卒的名字，他们会说“你这个愤青”；但如果把你的一句话署上鲁迅或柏杨、李敖的名字，他们会赞不绝口“好深刻啊”“你好有思想啊”。

十一二岁成“愤童”，是因为比同龄人更具有思考能力；40多

岁成“愤中”，表明坚持了操守，尚未随波逐流；六七十岁成“愤老”，那是有良心有正义感的思想家。唯二三十岁的愤青群体鱼龙混杂，素质参差不齐：多为俗世标准下的失败者，或不努力或无能或怀才不遇，牢骚满腹，愤世嫉俗；部分正尝试着向愤老转型。

若李敖、柏杨之类名流愤老的尖锐言论表达了我们难以表达的想法并引起共鸣（甚至伤害到我们脆弱的自尊），我们会更崇拜他“有洞察力、分析深刻”，但若相似言论出自涉世不深的年轻人笔下，虽可引起共鸣却被定性为“愤青”。此乃愤青的问题或者评价者水平问题？非名牌优质产品定价过高不被市场认可?

批判愤青的或许常常是些想愤青但愤不起来的人。有些朋友一方面批评我愤青，另一方面却只点击那些标题“愤青”的文章进去，对标题“不愤青”的文章不理睬。为何？谁有勇气出来解释一下？难道是为了“知彼知己，百战不殆”？或者“师夷长技以制夷”？还是说我客观上也代替你“愤青”了一下，坏人让我做，你再痛打落水狗(话语代言人）？愤到表象，容易；但愤到本质，却极其不容易。或许这是水平不高的心理层面上的愤青因嫉妒水平较高的文字层面的愤青，所以批判吧。

在我们这个时代，面对黑暗和邪恶谁要真生气了，那马上就有人赠送他一顶“愤青”帽子。这些批判愤青的可能是已经麻木不仁的甚至是与黑暗邪恶势力同流合污的人。

“愤青”这个词语究竟是怎么来的？个人推测，应该是代表黑暗邪恶势力的当权者发明的，用来打击持不同意见者，不允许别人批判他们。如果我推测正确，那悲哀的是我们社会上好多“良民”“顺民”已经被这些黑暗邪恶势力给利用了，成了其帮凶。分清敌人和朋友是革命的首要问题，同志们切记！

鲍鹏山在评《水浒传》时以及解读《论语》时说：如何检验一个人有没有道德感？一个方法就是看他会不会生气——如果面对黑暗和邪恶，面对世上的一切不公和不平，他很生气，这说明他还是有道德感的；如果面对这些情况他一点儿都不生气，这就说明他没有道德感，已经麻木甚至是同流合污了。

愤青和“刁民”中往往有英雄，顺民中往往有懦夫。顺民的“明智”“明哲”和不愿意惹事往往起到了助纣为虐的作用，刁官往往是顺民给娇惯和纵容出来的——遗憾的是，我们往往发现，一大批顺民自认为是懂得保身的“明哲”，并自以为是地想把“刁民”改造成和他们一样的人。一个人有权利为了适应社会、为了更好的生活而选择做懦夫，但无权力要求潜在的英雄也堕落成懦夫。

若某人的言论伤害了我们的感情、伤害了我们的价值观或者伤害了我们认为不应该伤害的人，我们便评价该言论太偏激。而在另外一些人眼中，这却正好伤害了该伤害的人、伤害了该伤害的价值观，因而对这同一言论做出另一种评价——“切中要害”“非常中肯”。

尖锐的言论往往会得罪甚至伤害到一部分人脆弱的自尊，但我们往往只有在受到伤害的时候才开始觉醒。

与王小波的“不正常”相比，正常人其实是残缺不全的

在“南周知道”上看到魏春亮的文章《王小波真的特立独行吗》，文章写道：特立独行一直是人们对于王小波的最粗暴最直接的评价，可王小波的意义不在于特立独行，而在于人性的正常。如果人们觉得王小波特立独行，那么也许是这个社会太不正常了。所谓“特立独行”，大概是“正常”在不正常的社会中的样子。

王小波的长盛不衰悲哀地证明着，我们的社会仍然在裹足不前。什么时候王小波的思想不再先锋和前卫，中国也许就真的进步了。

王小波，这个老男孩，他是成人世界里的孩子。他在年过半百的时候仍然保持着“人之初”的那份单纯与天真——而大部分人在成长的过程中都会丢掉一些身上最美好的东西。我前几天向一个新认识的朋友做自我介绍时说了句“智慧起来堪比哲学家，幼稚起来能上幼儿园”，估计就是因为得了王小波的真传吧！

王小波这样的怪人，只有在粉丝心目中、在那些能够与他惺惺相

惜的人眼里才是可爱的，而在日常生活中、在一个蠢人遍地开花的大环境中，他们是要遭遇歧视的，是要被别人叽叽喳喳、嘀嘀咕咕的。

长期以来，作为“山寨版的王小波”，我在人民群众眼里也是一个特立独行的人、一个很怪异的人。但突然有一天，我开始好奇一个问题：为什么一方面我被认为跟这个世道格格不入，另一方面我的言论（既有文章中写的，也有嘴上说的）常常能引起广泛的共鸣？并且，有共鸣的不光是跟我一样特立独行的人，还有很多很多的普通人？

哲学家，在常人眼里，总显得很不正常，甚至还有些变态。但也许，哲学家的这种“不正常”，其实是因为他们活得太健康、太真实吧！不然，何以哲学家的言论常常能够引起绝大多数“正常人”的强烈共鸣呢？（后者认为，那些话是他们不敢说，或想说但说不出的。）大多数人要么是懦弱的，不敢表现出真实的自己，要么是迟钝的，尚未发现真实的自己是个啥样，这便是他们能够“正常”的原因之一。

也许，一旦一个人具备了人之为人所应具备的全部主要特质，便会被认为是个奇葩、非正常人了，因为，那些特质，只要具备七八成，便足以成为一个正常人了。也就是说，绝大多数人，即所谓“正常人”，其实都是残缺不全的。弗洛伊德的研究对象为什么不是正常人，而主要是奇葩？就是因为正常人大多残缺不全，研究价值不高；而奇葩们，因为他们保留了更真实的天性，反而更具有样本价值。

或许，每个人的内心里都住着一个奇葩，只不过，我们的虚荣心和理智不允许它见光罢了。正常人不仅不允许自己内心里的那个奇葩见光，而且还喜欢对别的奇葩进行冷嘲热讽，即便是不嘲讽，也会暗暗地想“这个人好怪哦”。

看透了这一点，我便轻而易举地搞明白了另一个真相：正常人没有能力理解奇葩们的各种怪异举动，而那些被认为“不正常的人”，却总是能够理解正常人是个什么样子。故而，非正常人，源于正常人，但又高于正常人。同时，正常人常常会忍不住对自己无法理解的人或事加以贬低，以此来缓解对自己智力贫乏的焦虑感。

他人笑我不正常，我笑他人太肤浅。

我还有一个重大发现：世俗领域的成功者，多为正常人中的出类拔萃者，间或有那么几个非正常人；但在非世俗领域内，似乎是唯有那些不正常的人才有可能取得斐然的成绩。在后一领域中，假定其他条件相同，则一个人的价值，是跟他的“正常”程度成反比的。

看了上一段后赞不绝口的，主要是两类人：一类是，那些在日常生活中受尽正常人的歧视，孤独得想哭却没有人给擦眼泪，而今在我这里得到安慰和鼓励、找到“组织”和归属感的非正常人；另一类是，具有反省精神，为自己过去鄙视非正常人的错误行径表示忏悔的正常人。

世间所有的内向，都是因为无法忍受别人的无趣

我以前带过的一个实习生问我：“我很内向，是不是不适合在媒体工作？”

我反问他：“是谁告诉你，内向就不能胜任了？你这么说，是因为，社会上对内向的人有偏见，这种偏见，让你对自己的内向感到不自信。”

内向，真的就那么差劲吗？

我记得，曾经有人说：你之所以认为我内向，是因为我很少说话，而我之所以很少说话，是因为我觉得你是个傻×……呵呵。

我对他说：“你不是内向，而是有语言洁癖。你不愿意听别人说那些无趣的话，也不屑于自己说那样的话，因此沉默不语。而那些人，因为智力的局限性，无法洞察到你不说话的真实原因，便会认为你有性格缺陷。”

“外向”与“内向”，本来只应该是两个中性词，代表着两种不同的性格倾向，这两种性格本无所谓孰优孰劣——只存在谁更适合哪

种工作或出现在哪种场合的问题。

然而，在现实中，“外向”往往以褒义词的面目出现，“内向”则沦落为贬义词；外向者往往被认为更优秀，个别自认为外向者往往有种优越感——他们喜欢居“高”临“下”地同情内向者；被贴上“内向”标签的人则容易有自卑感——我曾经或一直是一些外向者们居“高”临“下”同情的对象，他们的怜悯在一定程度上伤害了我的自尊心，我曾经为此自卑过，故而才对这个问题格外敏感。

至于需要处理太多人际关系的事只能由外向者来干，这已是常识，故出色的政治家和商人只能是外向者，但也有例外，如李彦宏就不是明显的外向者。过于外向、对交际依存度较高的人，往往缺少独处的能力，不敢面对自我，也更容易浮躁，很难静下心来做事，故而最出色的科学家、学者、作家、思想家及艺术家大多（如果“大多”一词用得不太准确的话，最起码也不算荒唐）为内向者——也有很多原本很出色的学者、思想者因过分热衷于社交而变得“泯然众人矣”。

说句有点儿过分的话：社交，天然具有肤浅的本性。我见过很多深邃的人因把精力过多地耗费在社交上而最终变得肤浅，却鲜见一个肤浅的人在社交中变得深刻——除非他进入了一个高质量的、人数又较少的社交圈子，并且他自己也勤于沉思。当然，我并非要将所有的社交和所有的外向者一棍子打死，毕竟，现实中的所谓winner（赢家）大多为外向者，并且外向与沉思和知性并不必然冲突；我想说的是，从字面意思看，“内向”更侧重于同自己的灵魂交流，因而内向者便更容易有思想的深度。

通常，人们鉴定一个人外向还是内向的依据是看他爱不爱（跟别人）说话，而不是看他所说之话的内容和质量。话多的人为外向，沉默寡言者为内向。普通的外向和内向就不必在这里说了，说了也没意思，我下面重点谈一下两种极端现象——事实上，这两个极端，绝非极少数。

我所遇见的那些对自己外向的性格充满优越感、对自己的健谈和出色口才充满自信心的人，往往是一些只要几秒钟不说空话废话套话就能憋死的无话找话者、“交际爱好者”——实则可能是“独处恐惧症”患者，即没有勇气独自面对自己空虚贫乏的灵魂；我所遇见的内向者，几乎个个都有语言洁癖，只在必须说话的时候才说些有实际内容的话，而不说废话空话套话——其中的一小部分人还是既沉默寡言又妙语连珠，不鸣则已，一鸣惊人。（注意，我在这里所提到的外向者与内向者都是我所接触的，而非这两类人中的全部，倘若你所接触过的外向者及内向者跟我所接触的这两类人中的大多数的外在表现有很大不同，那只能说明你我的人际圈子不同，并不能说明我的观察力和判断力太差。）前者的“爱说话”，本质是重视数量而忽视质量、爱讲没质量的废话；后者的“不爱说话”，本质是不爱讲没质量的话。

周国平老师说：“我天性不宜交际，因为在社交场合，不是别人觉得我乏味，就是我觉得别人乏味；可是我既不愿意自己在别人眼里显得乏味，也不愿忍受别人的乏味，于是逃避社交。我害怕说平庸的话，这种心理使我缄口不言；事实上，当我被迫说话的时候，所说出来的话的确往往是平庸的，只有在我感到非说不可的时候，才能说出高质量的话来。”虽然大部分内向者都不可能是周国平这样的作家、学者，但我确定绝大多数被称为内向的人都有这样的心理；在我老家方言中，往往用“这人言贵的”来描述那些不太爱说话的人，就是这个意思。

既然部分外向者的所谓“健谈”只不过是爱说些毫无意义的废话，那么，他们那种因外向而产生的优越感就不过是不知天高地厚、不自量力；既然部分内向者的“不爱说话”只是语言洁癖，是害怕讲平庸的话，那么，他们的内向就只能是一种傲慢。

上述的外向者们既然有“交际饥渴症”，那么，与内向者们相比，他们必然拥有更多数量的朋友，但同时，由于交往中的“饥不择食”，他们所结识的大多数朋友必然只可能是泛泛之交，而深交者的比例很低。而内向者，尽管他们所拥有的朋友的总量比较少，但通常这几个为数不多的朋友却几乎个个堪称知己——精神洁癖使然也。

有了这个“自知之明”，我便不再为自己的内向感到自卑。于是乎，当那些绝对不能忍受丝毫孤独的人对我的内向表示同情，并且在我面前炫耀他们性格上的“优越性”时，我先是窃笑，继而便居高临下地对他们的缺乏自知之明表示深切哀悼。当然，我也不得不佩服他竟能够有本事在虚假的优越性上面建立起真实的优越感！

从上面的分析看，我似乎是在戴着有色眼镜看待一部分外向者。也许真是这样吧，谁叫我自己是个偏内向的“肤浅社交厌恶者”呢！

注意，我所厌恶的只是在数量上占优势的、肤浅的社交，而非所有社交。

此外，要补充一点：在一定意义上讲，所谓“外向”与“内向”都不过是个伪概念而已。一个人是否爱说话，不仅仅取决于他的性格，更加取决于他所面对的对象、所处的场合及当时的心境——一个作家在文章中风趣幽默妙语连珠，但他也可能在接受记者采访时显得很木讷、不善言辞。这一点，可能大多数人都不会觉得意外，因为这位作家本身可能就是一个内向的人。一个教授或学者在课堂上或百家讲坛上激情飞扬滔滔不绝，但他也可能在大多数被迫参加的无聊饭局上呆若木鸡，这个，你信不信？一个讲起废话空话套话来充满伪激情的、很外向的人，如果你要跟他谈论一个需要有一定知识储备和思想深度的问题，他可能立马就变得内向了，这个，你信不信？

再说我自己吧，写起某些命题作文来无从下笔，有时半夜爬起来写某些文章却文思泉涌；跟某些人说话半天吐不出一个字，做某些演讲却是妙趣横生、才华横溢——尽管有点儿结巴，但总体来说还是瑕不掩瑜；在大多数饭局上都沉默不语枯燥乏味，在个别宴会上却出口成章、谈笑风生、魅力四射……你说，我究竟是个内向的人还是个外向的人？

连周星驰这样的幽默大师，在私下场合里都是很内向的、沉默的，你能想通这是为什么吗？在舞台之外的地方，观众太少，激发不起他的表演欲，他便做回了最真实的自己。

世间所有的内向，都是因为无法忍受别人的无趣。

如果要我列一个“你最不愿搭理的人”的清单，毫无疑问，榜单上的冠军肯定是无趣的人。我宁可喜欢一个有趣的坏人，也懒得搭理那些无趣的好人。遇到无趣的人，我总是装聋作哑，我不仅不主动跟他们说话，而且，在他们主动跟我说话的时候，通常也是他们说几十句，我才说一句。我的“内向”，就是这么来的。

最后，阿Q一下：内向，不是一种性格缺陷，而是一种逼格。

PS:

说实话，我向来很讨厌随随便便给人贴“外向”与“内向”这样过于简单化的标签的行为，在这里之所以用这些词，主要是为了表述上的方便而已。

成功学是无效的春药，而鸡汤是loser的精神避难所

把成功学和心灵鸡汤做个对比，是一件很有意思的事情。

成功学告诉你，只要努力就能成功，如果你没有成功，那一定是因为你还不够努力；而心灵鸡汤则告诉你，只要心态好就能活得很幸福，如果你不幸福，那一定是因为你的心态还不够好。

在成功学的逻辑里，不成功，就是一种犯罪，如果不成功，你就会被贴上loser的标签。而心灵鸡汤则告诉你，何必一定要成功？你完全可以通过追求一些简单的、比成功更容易实现的东西来获得幸福。（对了，标题中的loser这个词，我是极度讨厌的，也深知这个词对人极大不尊重，之所以一边讨厌还一边用，仅仅是为了缩短标题节约字数。）

更有意思的是，这两类作品的读者群体常常既互相鄙视又高度重合。

鄙视成功学，几乎是所有告别了naive（天真、幼稚）阶段的人

都喜欢做的事情，好像不鄙视一下成功学便不足以证明自己的智商正常一样。而对心灵鸡汤的“心态论”表示鄙视的，大多数是一些既不成功也没有能力拥有一个好心态的人——这些人，无论在物质上还是在精神上都属于社会最底层。当然，也有极个别人鄙视心灵鸡汤，是因为他们自己已经足够成功，他们认为即使没有一个好心态也可以活得很好，自己有足够的资本来鄙视“心态论”。

两类作品的读者群之所以常常重合，是因为一个人如果在追求成功的道路上遇到了挫折，便很容易放弃成功学，转而从心灵鸡汤中寻找慰藉——毫无疑问，好的心态，对不成功的人来说，更加重要，亦即心灵鸡汤是不成功者的精神避难所。

从人的实践次序及需求层次上来说，心灵鸡汤要比成功学高一个档次，但这仍无法排除有一部分心灵鸡汤的叛徒会走上庸俗的成功学之路。

在某种意义上，进取心极强的成功学更接近于主张积极入世的儒家，重视取得世俗的成功；而“消极避世”的道家或佛家，更强调如何获得内心的安宁。

中国古代的不少知识分子，如范仲淹、欧阳修、苏轼等，有一个十分牛逼之处：在得志的时候，他们是儒家的知识分子，积极入世，发挥自己的政治才华；在“失意”的时候，如贬官或流放期间，他们摇身一变，成了道家或佛家的知识分子，成了“逍遥派”，他们以内心的淡定和宁静来傲视现实中的挫折，并最大限度地发挥出自己的文学才华。是则进亦乐，退亦乐，无论在哪种情况下，都对人生充满激情。之所以在前面给“失意”加引号，是因为对这样的人来说，不存在真正的失意，只存在凡夫俗子眼中的失意而已。

儒家知识分子，在官场失意后，很容易转换成道家知识分子，来寻求精神上的慰藉，这跟成功学的失意者从心灵鸡汤中寻找安慰，是不是有几分相似？

当然，把成功学跟儒家放在一起做比较，似有侮辱儒家之嫌疑，但这只是为了讨论问题的方便。

为何屌丝出身的成功人士喜欢“炫耀自卑”？

一边看电影《中国合伙人》，一边想起俞敏洪之前在演讲中常常提到自己在大学时期有多么穷矮矬、多么屌丝——其中，提的最多的一点是因自卑而不敢追女生，但是，俞校长在提起过去的不顺时，并没有觉得多么难以启齿。相信大多数人跟我一样，在看电影的时候心潮澎湃，越是了解到这些成功人士在早期是个loser，便越是崇拜他们。

电影结束后，我在日记本上写了这么一段话：只要成功了，你曾经遭受过的屈辱都是荣耀，所有的挫折和磨难都能成为你吹牛的资本；并且，你在逆境中的经历越是为公众所知悉，则你身上的光环便越耀眼、越会被观众放大，甚至在这种情况下，你过去越loser，今天便越会自信满满。一旦你失败了，曾经得到过的荣誉，都变成了不敢提及的耻辱，你若提起过去的风光岁月，便会有无趣的人对你说“好汉不提当年勇”；并且，你过去越有影响力，今天便越有可能被落井下石，甚至你过去越成功，今天的耻辱感便越强烈。当然，这并不全是当事人的心态使然，更重要的是，我们生活在一个势利小人遍地开花的世界里——很多时候，一个人所表达出来的自我感觉或自我评价，其实并不是他的真实意志，而是被势利小人们的观念所左右或“修正”过的。

上一段的前半部分，主要是针对“俞敏洪现象”的，这很明显；写后半部分，是联想到了吴晓波的《大败局I》中的一些案例——20世纪90年代，在秦池、巨人、三株、飞龙、爱多和太阳神等曾经显赫一时的企业走向衰败时，最先对它们进行激烈批判的、“反思”得最积极的，不是别人，正是那些此前一直为这些名企们唱赞歌的媒体！更可恶的是，原先，曾经被他们称赞并宣扬推广过的那些成功因子，如今，却被做了重新解读——同样的行为，在你正如日中天的时候，是他们歌颂的对象，是成功的经验，而一旦你江河日下了，他们便从另一个侧面进行分析，得出完全相反的观点，变成失败的教训了。真是应了那句话：“成功了，狗屁都是战略，失败了，战略都是狗屁。”

“俞敏洪现象”有以下几个特征：为自己的屌丝出身感到自豪，喜欢美化苦难（如潘石屹常常提到自己小时候买不起裤子），敢于承认和正视“我曾经非常自卑”这个事实，并且，在告诉别人的时候，充满激情地对过去的自卑感做了比较夸张的描述——本文标题中所说的“炫耀自卑”。这种做法是有其合理性和正当性的，我也承认挫折和磨难是一种财富，但同时我也怀疑，不少成功者及其传记作者都夸大了其不幸的程度，甚至虚构了一些逆境来哗众取宠，骗取更多的掌声——观众总是倾向于认为，一个人经历的磨难越多越艰苦，他的成功也就越有含金量。而《大败局I》中，那些企业家在陷入逆境之时，公众及媒体根本就不会给他们辩解的机会，纵使是中间有几个辩护的声音，也早被那一大片口诛笔伐声给淹没了，并且是你过去越风光无限，我今天便越会幸灾乐祸，“墙倒众人推”的积极性便越高。

将《中国合伙人》与《大败局I》放在一起看，我们会发现，庸众的势利，正在使马太效应越来越明显——势利小人们最喜欢做的事情就是一方面为winners锦上添花，另一方面却在losers的伤口上撒盐，使其处境雪上加霜。势利小人们是“成王败寇”这一逻辑的最坚定且最愚蠢的信奉者。（成王败寇是一个颇值得玩味的成语，这个说法曾经是作为对官方史学的概括——贬义的概括——而被提出来的。同时，这个词语的运用，往往蕴含着一种讽刺、一种嘲笑——一般来说，当一个人在使用这个成语的时候，他是不认同这种是非观的。）

为什么俞敏洪们敢炫耀自卑，而《大败局Ⅰ》中的落难英雄却往往不敢提当年荣？莫非是因为从屌丝到高富帅的人自信心不断膨胀，所以有勇气面对自己的缺点，尤其是过去的缺点；而从高富帅到屌丝的人自信心丧失殆尽，所以连以前的荣耀也不敢提了？这可以作为一种原因而存在，但后半句明显很不靠谱——那些曾经白手起家，又经历过大起大落的豪杰们，并不是泥塑的，人家的自信心没有那么容易丧失！也许，对这个问题更靠谱的解释是：因为成功后再炫耀自卑可以赢得掌声和更多的崇拜，而失败后再提当年荣则只能招来嘲笑。所以说，俞敏洪们之所以总是津津乐道于自己过去多么多么屌丝，最关键的原因是他们太了解听众们的心理了，而那些从高富帅到屌丝的人，之所以不提当年荣，不是因为缺乏自信，而是他们对庸众们的智力太没有信心了。势利小人，只会以结果论英雄，因为看结果做鉴定最简单，而除结果之外的其他因素，都太复杂了，这不是他们平庸的智力所能够应对的。（我从来不认为势利是个道德问题，从根本上说，这是个智商问题，是思维局限性所致。不服来辩——那些势利小人，有几个是有大智慧的？）

TCL老板李东生曾经爆料自己小时候见了女生就脸红，但因为说这话的人是李东生，是成功人士，所以，你听到后会佩服他竟然有勇气承认自己曾经懦弱过。但是，如果换作是一个屌丝说“我见了喜欢的女生就脸红”，你会佩服他吗？不，你非但不会佩服他说这话的胆量，反而会在内心鄙视他真怂，居高临下地同情他。事实上，大多数屌丝，在他们（准确地说，是我们，因为笔者自己也是他们中的一员，但为了做到价值中立，我便使用了“他们”一词）尚未摆脱屌丝身份的时候，都是不敢承认自己的懦弱的。来，做个调查：Hi，各位屌丝朋友，你们敢承认自己“见了喜欢的女生就脸红”吗？不管你敢不敢，反正我是不敢的。（我靠，我原本应该说“根本就没有这回事儿”的。使用“不敢”，就等于还是不小心承认了。其实，我不知道自己是否脸红过，只是觉得可能脸红了。需要补充说明一点：事实上，只有无知的男人才会居高临下地对另一个男生的羞涩抱以嘲笑的态度。在女人中，也只有无知少女才会对男生的羞涩表示嘲笑；相反，在女神眼里，男生的脸红羞涩，要比女生的羞涩更可爱更迷人。谁要是不相信的话，可以调查调查。我曾经在一条手机短信中对女神同志说："我倒是希望你长得稍微丑一点点，这样，我下次见到你的时候，紧张指数就会低一些了。""啊，你还会紧张？"她看到这条的时候，没被逗笑才怪呢。）

当然，也有可能李东生和我那位兄弟所说的"见了女生就脸红"，并不是真相，而是他们在逆袭之后虚构出来的——高富帅们虚构这种经历，很容易取得哗众取宠的效果，这样也可能凸显他们的真实和可爱。而当屌丝说自己见了女生就脸红的时候，那一定是真的。事实上，真正的屌丝，永远是不敢承认自己见了喜欢的女生就脸红的；相反，屌丝们是一边见了女生就脸红，一边在努力地意淫并在别的屌丝面前吹牛自己是如何追女神的。

最后，我真诚地祝愿天下所有像我一样的"不成功人士"，希望有一天，你们能有勇气像俞敏洪一样站在公众前炫耀自卑，能有勇气像李东生一样承认（虚构）自己见了女生就脸红。当你敢承认这一点的时候，即便是你尚未成功，你也已经开始摆脱屌丝身份了，因为你已经开始对那些势利的庸众不屑一顾了。即便是家徒四壁，但倘若你能做到不为势利小人们的庸见所左右，那就是一种相当了不起的成功了。

第三章

不是读书没用，而是你没用

有很多人，在大学毕业后，一旦在职场上混得不如意，尤其是混得不如那些在学校时不如自己的人、没上过大学的人，他们就会抱怨读书没用，那口气，就像是他们已经掌握了宇宙真理一样。可是，你真的认真读书了吗？为什么别人读书就有用，而你读书就没用呢？你是把书读到狗身上去了吗？也许，并不是读书没用，而是你自己没用。

既然差生那么有前途，你咋不鼓励你儿子当差生

朋友圈里好多人都在转一篇文章《为什么坏学生最后都当了老板》，还有人发了个链接给我。这跟前几年流行的“好学生都是给差学生打工的”是同一个调调，尽管我们都已审美疲劳，但依然阻挡不了它们的继续流传。

对这种文章，不用看内容，只需看标题，就知道其荒谬之处在哪里了。

差学生更容易当老板，的确曾经有过那么一个历史时期，但那是有着特殊的历史条件的，以后很难再现。在当下及将来，差学生当老板，好学生打工的现象，还会继续出现，但绝不会成为一个普遍规律。

在普通的小老板中，差学生出身的还会有很多，但在最顶尖级的富豪、企业家中，已经越来越难看到差学生的身影了。

对比一下自改革开放以来的几批企业家，我们就什么都清楚了。

成于无畏，败于无知

20世纪70年代末80年代初，改革开放刚开始，市场刚刚被激活，压抑已久的需求一下子释放出来了，但市场上与老百姓日常生活相关的轻工业品，特别是生活消费品的供应却是匮乏的，因此，基本上只要你能造得出产品，就能卖得出去，哪怕质量差一点也无所谓。

当时，市场上最紧缺的物资，基本都是一些附加值低的东西，不需要你懂多高深的技术也能造得出来。如此一来，在这一波创业潮中，没知识的“土八路”能够跟有知识的站在同一起跑线上。但在当时，有知识的人，基本都在体制内有一份稳定而体面的工作，让他们放弃干部身份去做一件没有保障的事情，机会成本是巨大的。相比之下，那些没知识的人，他本来就没有多好的工作，即便是创业失败了，也没有多大损失，反而顾虑少，更有魄力一些。这就是所谓“光脚的不怕穿鞋的”。

那个年代，鲁冠球、步鑫生、年广久（“傻子瓜子”的老板）的崛起，缔造了不上大学也能有大前途的神话。或许，若干年后的“差生更有前途”也是在此基础上引申而来的吧！但总体上，这一批草莽英雄，他们的成功，主要得益于机遇和胆量、闯劲，而跟个人的知识没有多大关系。他们的知识，主要是靠以后在实践中积累。

诚然，这批知识储备不足的企业家，在创业之初，行动力很强，但如果后续的“补课”跟不上，一般都走不远，甚至，还会死于他们的"胆大"。

身为造纸厂厂长的步鑫生在被塑造成改革明星后，忘了自己几斤几两，他到处作报告，甚至到部队、机关谈改革……此后由于一系列决策失误，1988年海盐衬衫总厂资不抵债，步鑫生被免职。

而曾经显赫一时的年广久，今天很多人已经忘掉他了，也不知道他在哪儿。实际上，现在他就是个个体户。商界的思想家冯仑曾经质问：为什么近30年来他一直做不起来？冯仑后来也找到了答案：

"我曾经在做一档电视节目的时候碰见过年广久，主持人让我们在题板上回答问题，那时候我们才发现年广久不会写字，除了自己的名字，其他字都不会写。后来主持人问，改革这么多年，每个人的变化是什么。他说，我就是换了三次老婆，其他什么也没变。

"最有趣的是，有记者去采访他，说到他办公室谈谈，结果到他办公室一看，里面除了一张麻将桌，什么也没有。一般来说，办公室最起码得有台电脑，有张桌子或者有个秘书吧。他说没本事的人才用秘书，我都能自己干，秘书哪有我干得好啊？记者问他怎么连办公室都没有，他说我们在打麻将的时候就把事情谈完了，不用办公室。

"这样一位资深的第一代民营企业家，近30年来，他的企业在组织上没有任何变化。我们今天看到的他和20多年前看到的他是一样的，想法、观念都没变，你甚至会感觉时代停止了。"

与年广久的30年不变相比，能成为常青树的同龄人鲁冠球，极富学习精神、反省能力，他甚至还坚持写日记，不断地总结、进步。40余年来，鲁冠球还养成了一个习惯，只要有知名企业出现大起大落，他便找来该企业的所有资料，认真研究，总结经验教训。例如当年禹作敏被判刑后，鲁冠球三日不出，写了一篇题为《乡镇企业家急需提高自身素质》的文章，轰动一时。

对于年广久，芜湖市原市委书记金庭柏的评价是："精明的个体户，蹩脚的企业家"。

一个属于学霸们的时代

与早期的创业者在没有多少知识的情况下赤膊上阵，通过在市场上的摸爬滚打形成自己的商业思想不同的是，80年代中后期的柳传志、王文京、任正非，以及1992年前后那一批，大都是体制内的知识精英，眼界更开阔，他们可能从一开始，就有了比较明确的方向。

这一批人，无论是文科生冯仑、陈东升、郭凡生，还是理科生柳传志，都有着很好的人文素养，因而，比上一代企业家更擅长表达、沟通，其中不少人还扮演着公共知识分子的角色，他们是比较有情怀的一代。总体上说，这一代企业家特别擅长跟媒体打交道，常常以明星的姿态出现在公众面前。他们往往是自己所在公司的精神领袖，他们的个人形象，同时就是企业的一种软实力。

到2000年前后崛起的互联网的一代，创业者们的教育背景就更好了，陈天桥甚至只用了三年就从复旦毕业了，还有不少人是海归，并且他们在创业不久就引入了风投，接受了风投的专业辅导。因此，这是典型的知识引领创业实践的一代。

鲁冠球那一代企业家的知识，起初，主要侧重于世事洞明、人情练达；“92派”的知识，侧重于宏观视野，包括对各种政策、趋势的熟悉；而互联网精英这一代，因为行业的特殊性，从这一批中脱颖而出的大佬中，除了陈天桥、马云和刘强东外，基本都是理工科生，他们的知识优势，刚一开始，主要在于其专业性，甚至他们自己就是这个领域的技术人才。对这个新领域的企业家来说，“关系”和资源并不那么重要，智商也许比情商更重要，你只要有好的商业模式、好的服务，就能取得成功。如张朝阳和李彦宏其实都是很内向、脸皮薄的人，却照样能在这个领域内叱咤风云。我们设想一下，把这种性格的人放到鲁冠球所处的时代，结果会怎样呢？

“92派”以及李彦宏这两批知识精英的崛起，无情地粉碎了“好学生将来是要给差学生打工”的庸见。诚然，俞敏洪确实是个差学生，可人家是北大的差生。因此，这个时代的光环，基本上是属于学霸们的。

没有真才实学，脸皮再厚也没用

通过上面的分析可以发现，“毕业几年后，好学生往往是给差学生打工的”，此观点的荒唐之处在于：它把一些偶然现象的堆积当作规律，然后做出一个表述很不准确的结论。个人认为在关系密集型行业和岗位（需要钻营、溜须拍马、厚脸皮、死缠烂打、忍辱负重、抗挫折能力等）上，所谓的差学生更容易成功，但在知识密集型、技术密集型行业和岗位上，差学生几乎就没有立足之地，脸皮再厚也没用。

大部分人引用这个观点恐怕是为了卖弄自己的“明察秋毫”或仅仅只是觉得好玩吧？如果你真的信仰它，那以后就鼓励自己的孩子在学校当差学生吧！

不是读书没用，而是你这个人没用

正月初三，一大早，打开微信，看见润初发了一个“答案征集令”：既然读书挣不了大钱，那么，我们为什么还要读那么多书，树立终生阅读的习惯？

他之所以要征集这个答案，是因为春节回家几天，遭遇了亲戚们老调重弹的问题：名牌大学毕业，可能还没有别人搬砖挣的钱多，读书到底有什么用？

先抛开这个问题不谈，我们先聊聊另外一个问题。

凤凰不如鸡？

清华北大有几个特别不学无术或运气不好的学生，找不到工作；而某个没有上过大学，从搬砖屌丝起家的人，在摸爬滚打中学到了真本事，最终闯出了一番事业。这时候，就有一大批人得出“上清华大学不利于找工作，反而是搬砖更容易成功”这样一个结论。呵呵。明明是拔了毛的凤凰不如鸡群中最漂亮的那只鸡，可偏偏有人会据此说凤凰不如鸡。“读书无用论”不就是在这个逻辑的指导下复活起来的吗？

因此，单纯从世俗的功利的角度看，“读书没用”的说法也是完全错误的。

太监：性生活无用

对润初的问题，我先简单地回了一句：有的人说读书没用，其实不是因为读书没有用，而是他们自己读书没用，归根结底，是他们自己没用。（说“读书没用”的，大部分都是些没读过书的人，可是，没读过书的人有什么资格说读书没用？这就像一个太监说“性生活无用”一样可笑。读过书的人如果还怀疑读书没什么用，那一定是书读到狗身上去了。）

事后冷静下来，觉得这话说得太傲慢，也不准确。在农村，对很多人来说，即便是读了很多书，也没有多少用武之地，可能确实是读书没用。但对已经读了很多书、脱离了农村环境的人来说，如果还抱怨读书无用，或是被亲戚们的“读书有什么用”击得落荒而逃，那可能真的就需要反思一番了。“读书没用”或许可以谅解，但我们绝对不应该允许“自己没用”。

父母读书少，才会有代沟

读书的最大好处就是，如果你书读得足够多，就再也不会说“读书无用”这种话了。

为人父母者如果能够多读书，便不会再把生孩子、抱孙子当作人生价值的核心部分，当作安身立命的根本了，因此也就不会那么急切地逼婚了。

我一直认为，“代沟”是一个很委婉但又十分肤浅的词语，今人读几千年前的古人的书都没有代沟，怎么一个家庭的两代人之间就会有代沟了呢？所以，这个沟通障碍，完全与“代”没有关系，而是由父母读书太少造成的。

大体上，在父母的受教育程度及文化素质较低的家庭，亲子之间的代沟问题要比那些父母文化素质较高的家庭严重，并且在同一个家庭内的双亲中，也是文化水平较低的一方与子女的代沟更严重一些。而在子女一方，则颠倒过来了：子女的受教育程度越高、视野越开阔，其与父母的代沟便可能越严重。前两句话有个逻辑上的前提，即在大多数家里，子女在视野和思维方面是超过父母的。这符合“长江后浪推前浪，一代总比一代强”的总体规律，所以，准确地说，代沟，不是由年龄差和代际带来的，而是由视野和思维的差距引起的——在那些父母和子女的文化素质均很高的家庭，代沟问题就不怎么明显，或者，干脆就不存在。（在这些家庭中，两代人的志趣和追求可能截然不同，但通常都能够相互理解和尊重，尤其是父母不太会干涉子女自己的追求。）

父母供养子女读书，往往是一种投资，当投资失败的时候，他们会抱怨读书无用。但以我自己多年的体验来看，固然，接受了好的教育，未必能真的改变命运（经济方面），但至少，个人的精神素质、朋友圈子都可以有一个质的飞跃。而一个精神追求比较高、交往层次也比较高的人，即便是处于别人都无法忍受的物质困境中，他的“痛苦指数”未必有多高，甚至他还可以像笔者那样“清水煮挂面，餐桌当书桌，在陋室，人不堪其忧，涛也不改其乐”。2009年6月至2010年6月那一年，我的月收入从来没有超过1600元（恐怕，再没有哪个复旦高才生能接受这样的待遇了吧），但那一年，我的体重从120斤增加到了140斤，原因很简单，心宽体胖。尽管那么穷，但我没有仰视过任何一个土豪，没有在任何一个土豪面前自卑过。读书，可以让人即便是在没钱的情况下也能保持做人的尊严和自信，能把在别人看来很苦逼的日子过得不那么苦逼。(当然，功利性太强的读书不具备这种功效。)

爱读书，皱纹少

昨天下午在朋友圈看到周业安老师竟然分享了漫画《他不是她的铠甲，那又怎么样呢》（关于爱情），我是无比震惊！（周是中国人民大学经济学院教授，我两周前采访过他，顺便添加了微信。）我再进其页面一看，发现里面的内容跟我们这个年龄段的人没有什么区别。我当即在下面评论说：“发现周老师在心态上还是20多岁的小男孩，很有朝气和活力。致敬！希望我到你这个年龄时，也能跟你一样。”周老师没有回复我的评论，而是打开了聊天窗口说：“我很幼稚，学生都叫我幼稚周。大人的世界我真不懂，只好任性地活着。”其实，他是1968年出生的，我们杂志社的总编也跟周老师是同一类，微信头像是《匆匆那年》的画面。我们副总编，马上退休了，但年夜饭后去KTV唱歌，他也唱爱情歌曲，还一边唱一边嘚瑟：“我虽然唱得不好，但你们谁敢说自己能比我更有激情？”

去年，有个实习生跟我讲：“我发现咱们这里的老师，身上普遍有种书生气，很好相处。”那天，我发了条信息到朋友圈：“在总体上，学者、在文化类领域从业的人、从事科技工作的人，心态要比同龄人更年轻，甚至是，到七八十岁了，依然很有朝气、童心未泯。可能是因为这些领域，你得不停地去搞出新的玩意儿来，这就需要永远保持好奇心、保持一丝书生气。而在企业家中，那些心态更年轻的，也大多是保持着一些书生气的”。读书，可以让你永远年轻。诚然，通过读书，你不能阻止皱纹爬上你的脸，却可以阻止皱纹出现在你的心里。

读书不仅可以延缓我们步入老年期的进程，而且，在我们老了之后，它还是一种很好的养老方式。与青年人相比，老年人缺少亲友陪伴的概率更高，并且闲暇时间也更多，因此，独处的能力，对老年人来说也就更为重要和必要。只有具备了强大的独处能力，我们才有可能驱散包围着我们的孤独感和寂寞感。那些独处能力很差的人，让他一个人坐着看会儿电视，他也是坐不住的，他宁可无聊得来回踱步也不能静下来。而良好的阅读习惯有助于增强独处的能力，使我们即使在闲暇的时候也不会感到无聊和空虚。此外，良好的阅读习惯，可以使一个人即使在收入不高的情况下也能拥有较高的生活质量。

我为什么喜欢书呆子

喜欢读书的人往往会被称为“书呆子”，但吾独爱书呆子之“出淤泥而不染”。我喜欢书呆子，主要是看重读书（尤其是“无用之书”）对人格塑造的影响。爱读书的人，未必才华横溢，未必学识渊博，甚至未必真正读透了多少，他们知道的未必比那些不读书的人多，但这些都不重要，真正重要的是，读书，是防止人堕落的最后一道防线，特喜欢读书的人，即便是没有多少学问，也绝不会随波逐流。所以，我喜欢一个爱读书但可能懂得不多的人，胜过一个以前读过很多书也很有学问但现在却不再怎么读书的人。一个人追求什么，要比一个人拥有什么，更能反映这个人的本质。

书呆子还不喜欢八卦，不喜欢玩弄家长里短的低级趣味，而且书呆子、中文艺之毒太深的人，绝不轻易为鸡毛蒜皮档次的破事斤斤计较。所以，为小屁事发大脾气，与道德、脾性啊完全没有毛关系，从根本上说，就是人生格局有问题——把屁事当成了自己人生的主题。总之，多一些“读书把脑子读坏”的人，世界会更和谐。

穷酸文人：用“情怀”泡妞

我父母一直认为，我30多岁还没结婚，肯定是因为太穷了，没有人看得上。但我自己从来没有担心过穷会成为我的爱情跟婚姻的障碍，一方面，因为我实际上也并不是特别穷，另一方面，我这样的穷酸文人，总是相信哥凭才华泡妞，定能无往而不胜，如果泡不到，那一定是因为妞不识货。

我的一位亲密战友说过，“像我这样的知识分子，如果还要凭票子和房子泡妞，太没有成就感了”，受他熏陶，我早就立志要靠“情怀”来吸引女人了。既然司马相如能被白富美包养，我为什么就不能？被包养了，不就有钱了吗？

对不读书的男人来说，如果老婆收入比自己高，被人认为吃软饭，他们会认为没面子，自尊心受伤；但对喜欢读书的男人来说，他会认为，我被包养，乃是因为有被包养的价值。

农村屌丝更应该上名牌大学

想起一个故事：古代有三个农民耕作之余闲聊，意淫皇帝的生活是如何牛逼，其中一个农民望着悠悠白云推测皇帝锄地用的一定是金锄头……成长环境，往往影响甚至决定了一个人的想象力，而想象力又决定了一个人的追求。

这几年，在重点大学里，农村孩子越来越少，毕业后，农村孩子的竞争力在总体上也远不如城市孩子。将这些现象归因于输在了起跑线上，应该是没有什么异议的，但这个起跑线，主要不是经济条件，而是视野、想象力，以及在此基础上形成的梦想和追求。

人与人之间的差距，最可怕之处，就在于这种梦想的不平等。视野开阔的孩子，小时候的理想可能是企业家、作家、科学家，而在封闭环境中长大的孩子，对未来的规划可能就是“放羊赚钱——娶媳妇生孩子——孩子放羊赚钱”（不只是段子，从我爷爷到我爸，就是这样）这样的循环。再譬如，有的人在择偶观上，希望对方不仅漂亮，而且琴棋书画诗词歌赋都能略知一二；而有的人，只求“性别合适”。至于前者的高逼格梦想能否实现这并不重要，重要的是，儿时的理想可以塑造一个人的人格和气质。

或许，有人会十分理性、十分智慧地说，后一种人未必不如前一种人幸福。好吧，我输了。我这里说的是社会阶层差距的问题，而不是幸福的问题，再说，如果你真愿意甚至鼓励自己的孩子做后一种人，那我就绝对信服你的观点。

农村孩子在梦想和追求上输给城市孩子的根源在于城乡教育资源的不均等。

受教育权的公平，是一种比出身及财富更加基础的公平；受教育权的不平等，是很多其他方面的不平等的根源。如果社会各阶层都享受平等的受教育的权利，或者教育资源适当地向弱势群体倾斜，那社会各阶层的不平等就还只是一种动态的不平等，那些出身于社会底层的人还有翻身的可能。倘若当前这种教育资源在城乡间、在城市内部不同区域的不均衡持续下去，则社会下层向上流动的通道将受阻，不平等将被固化为一种静态的不平等。因此，我们需要推动教育平等权、教育资源向薄弱地区倾斜来为“屌丝逆袭”保驾护航。

前几天，一个南师大附中的小朋友跟我说他最近很郁闷，高考没发挥好，只报了中山大学。发挥不好，都能报考中山大学？不错呀。我还跟他讲：“高考，只对我这种基础素质比较差的学生才重要，对你这么出色的孩子来说，上什么学校，没有那么重要。你这样的人，上了差学校也有好前途。再说了，像你这么出类拔萃的人，就应该上个差学校，然后，再把学校的档次给它提高。而像我这么矬的人，即使上了再好的学校，也只能把学校的档次给拉低。高考，应该多向我这种素质比较差的人倾斜，我们更迫切需要通过高考来改变命运，而像你这么出色的人，应该上个差学校，把好学校的资源留给我们屌丝。”

这并不完全是玩笑话。尽管不具备可操作性，但作为一种理念，倘若高考录取能多照顾我这种原本素质比较差的学生，适当地淘汰一些素质好的学生，会更有利于均衡发展。像我这种素质的人，几乎只有通过上一个好的大学这一种方式才能改变命运，而综合能力强的人，即便是不上大学，也照样能混得比较好。这并不是打击综合能力强的人，而是在“边际效益递减”原则的指导下追求更高的教育投入性价比。对我这种素质差的人而言，接受优质的高等教育无疑是雪中送炭，而对于那些综合能力本来就比较强的人来说，高等教育也只是锦上添花而已。在社会的教育资源总量有限的情况下，雪中送炭当然比锦上添花重要得多。

我之所以在这里自告奋勇地做屌丝代言人，是因为我本人就是从放羊娃儿起步的考试机器，然后通过考入Top5高校及毕业后的自学，成为“知识精英”中的一员，我切身体会到了知识带给人的极大快乐，尤其是跟一些原先底子比我好、同样进入Top高校的同学做比较之后，我发现优质教育在我身上产生的边际效益要明显得多。

但在以后，像我这样的屌丝代言人或许会越来越少。之前读莫言的《蛙》时，突然意识到这样一个问题：城乡教育的差距极有可能导致在未来的多少年以后，我国的知识精英将绝大多数是在城市长大的，而很少有出身于农村家庭的。倘若在将来的一个时代里，绝大多数作家、诗人或剧作家对农村生活都不熟悉，我们便很难看到《蛙》《白鹿原》及《平凡的世界》这种以农村生活为题材、充满泥土气息的文学影视作品了……而文学影视作品中缺少了农民的影子，则意味着广大农民们的集体失声，他们成了真正的“沉默的大多数”。而那些对农村缺乏深入了解的知识分子，即使真想替这个群体发出声音，往往也是有心无力……

在未来，与梦想的不平等并驾齐驱的，将是话语权的不平等。

复旦对我最大的影响

一个不知是学妹还是学弟的校园小记者问我，在复旦生活和学习了四年，你最大的收获或改变是什么？

我想也没想就答道：最大的收获是，我从一个“低调”（用词不当，小人物是没有资格低调的）的人变成了一个爱吹牛的人。

以前，我以为谦虚是美德，直到上大学之后，我才发现，原来，吹牛也是一件特别有魅力的事儿。

吹牛，或者丑其名曰装逼，是复旦人的“刚需”。

至于吹牛有什么价值，是好还是坏，我到后面再做剖析，现在先列举几个对我熏陶最大的吹牛大王。

管理学院的谢百三，是我所了解的复旦老师中最喜欢吹牛的一个人，并且，他动辄假装不经意间冒出来的那句“想当年我给朱镕基上课的时候”“想当年我跟索罗斯切磋股市的时候”，也使他的牛皮显得格调很高。谢百三的口才、吹牛的激情，似乎还在郎咸平之上。

去年跟几个同学小聚，大家一致讨伐谢百三。我说：“谢百三上课时，一半时间用来吹牛，另外一半时间用来推销自己的书，讲不了多少干货。”我听了他一学期的课，唯一的印象就是“这个人好牛逼啊”“我好崇拜他啊”，但实际上，啥东西都没学到。

没学到东西归没学到东西，但不可否认的是，每次听他的课，我都心潮澎湃。多年后，当我特别喜欢装逼，跟别人谈笑风生的时候，我才意识到，谢百三那股吹牛的劲头，早已经钻入我的骨髓中，早已经内化成为我气质的一部分。

我们历史系的冯玮，这个50多岁还长青春痘的男人，在本系里，大概算得上是最会吹牛的人了。第一次试听课，我们就深深地被他的吹牛功底折服了，以至于后来连续好多堂课他没有讲出多少干货的时候，猴哥还气得骂：我们被冯玮给骗了！

冯玮在课堂上讲的正经知识，我一句都没有记住。唯一有印象的就是，他有一次吹了一大通牛皮之后，做了个高屋建瓴的总结：我这个人不喜欢自吹自擂，尽管我已经在自吹自擂了。

幽默的人是有魅力的。老男人幽默起来，就可爱得像个孩子。冯玮生动地给我们阐释了什么叫作吹牛的最高境界。

我要说的第三个吹牛大王，其是不是个大王，他只是个名不见经传的“小喽啰”。但这个小喽啰，是在大学期间对我影响最大的一个人，没有之一。本来，应该把他排在第一名，但鉴于他实在没什么名气，就只好先委屈下他了。

猴哥身上是有股痞子气的，刚入校的时候，他就敢用“老师，我把你装在我的菜篮子”这样的话调戏辅导员。有痞子气的人，通常身上都有着不讲理的一面。大一考马哲，他走错了考场，结果，当然没有成绩了，但这个厚颜无耻的人，居然骂老师不厚道。最终，经过交涉，他还是向老师要了个成绩，D，勉强及格。

他的不讲理，并不值得我崇拜，但这家伙在申请奖学金时写的那段没有任何文采的话，被我终生奉为经典。他写的是：过去的一年，学得还算认真，但考试出了点问题，绩点很低。但我信心十足，我的能力，绝非区区一个B可以包含的！

“绝非区区一个B可以包含的”，你见过这么霸气的“学渣”吗？

我后来的目中无人和狂放不羁，百分之八十都是猴哥传染给我的。没有猴哥当年的影响，就不会有后来的“竹林第八贤”。

是猴哥的狂放不羁，第一次让我意识到，你即便是很锉，也照样可以活得很有气场。

先前，我喜欢谦虚的人，但在领教过猴哥之后，我似乎更加喜欢那些不谦虚的人了。因为，似乎听那些不谦虚的人吹牛，更能让我感到振奋，让我获得正能量，尤其是如果他的吹牛，能让我产生“我也会跟他一样”的信心和斗志，我就会非常喜欢他，甚至是以他为精神导师了。

当然，我们喜欢一个不谦虚的人，有一个底线，那就是，他的不谦虚、他的吹牛，不能让我们产生自卑感，不能让我们自惭形秽，一旦超过了这个底线，我们就要讨厌他了甚至还会骂他是装逼。

前几天的校友会上，一些阅历丰富见多识广的学长学弟个个都吹起来牛哄哄的，作为一个不成功人士，我除了羡慕嫉妒恨之外，没有其他感情了。当时，我对同行的另一位同学说：我们这些不成功人士，就乖乖地听听人家成功人士是怎么吹牛的吧。

光会欣赏别人吹牛还是不够的，我还得学会自己吹牛。

人们喜欢吹牛，图的是什么？不就图个自我感觉良好嘛！

尤其是像我这种不自信的人、自卑感很强的人，吹着吹着，会感觉到自己还真是个“人物”，然后，就能“挺起腰杆做人”了。

吹牛，是一种自我欺骗、自我洗脑。在吹牛的过程中，我会给自己一个心理暗示，强化自己原本不是那么坚定的某些价值观或者追求。你在牛皮中把自己的某个优点夸大了一点点，适当地美化了自己，或者是把一个偶然表现出来的亮点当成自己的稳定性特质来自我表扬。当时，你可能是没有意识到这一点的，事后，你发现自己说得太夸张了，然后，就不得不让自己朝着牛皮中的那个自己去靠拢，这样一来，自己就越变越出色了。渐渐地，你就真能配得上自己曾经吹过的牛皮了。

有一次，我跟同学聊天时无意间冒出来一句“我这个人虽然不是特别帅，但其实还是有点帅的”，然后，一群人大笑。马海龙将其简化成了“虽然我不帅，但是我很帅”。现在再回想，似乎这句话已经成为了我的一种逻辑习惯、一种思维方式。

我的“矫情”，使我对一切格外敏感。因此，自己的一个缺点，我能把它放大十倍，这导致我经常谦虚得要命；但有一个优点，我也能把它放大十倍，这又导致我经常自负得不知天高地厚。

当然，吹牛或放大优点的前提是，至少在那个点上，你得确实肚子里有货，这样，才不至于一吹牛就脸红。

像我会对我的偶像、水平高出我几十倍的男神说：“你做学术比从政更有潜力，等我以后当上博导了，你来读我的博士吧。”但要自己没两把刷子，这样的玩笑也不能随便开。

参加一个沙龙，发现有几个老伙伴向主讲人提的问题质量比较高，我对随行的同学说：“这人比较适合当记者，挖过来在我们这边实习吧。”那可是30多岁的人啊。同学说我，你真是当“实习生教父”上瘾了。

我本来是一个老实巴交的人，就这样被一些吹牛大王给熏陶成一个不知自己几斤几两的人了。

对了，前面漏掉了另一个复旦的吹牛大王。杨玉良，这才是个真正的大boss！

杨玉良校长离职前，我在朋友圈看见有学弟呼吁：“我们要旦人治旦！”

杨玉良吹过的最大的牛皮是：未来是属于“复二代”的。极大地满足了我等不成功人士的意淫需求。

在杨玉良的牛皮后面，我看到了一条更牛的评论：一日复旦人，一生复旦人；日一复旦人，生一复旦人。

大学生应该如何看待“农民工收入比大学生高”的问题?

“大学生工资不如农民工”的话题一直在被热议。

很多人一发现农民工工资竟然比大学生还高，就不舒服了，心里不平衡了，这个心态很有问题。农民工工资比大学生高，受刺激最大的，是两个群体：部分家里有孩子在读高中的父母，以及刚毕业不久且收入不高的大学生。前一个群体，会得出一个结论，“上大学没啥用”，继而便可能不支持自己的孩子继续读大学。这几年，很多高三学生弃考，就是这种观念造成的后果。后一个群体，会有点愤愤不平：“我辛辛苦苦地读了这么多年书，收入竟然还不如农民工？”

这两种思维的错误在于，只比较薪水，而不比较两种收入主体的年龄及其所处的人生阶段。那个工资比较高的农民工，他已经工作了好多年了，并且大都早已经成家了，有孩子了，他们挣的钱，不光要养活自己，还要养活老婆孩子，甚至还要养父母。而我们这些收入比农民工还低的大学生，工作年限都比较短，并且还享受着“一人吃饱全家不饿”的洒脱自由。你才刚刚20多岁，一个月就能挣2000多块，人家都已经三四十岁，甚至将近50岁了，才挣个3000多块，平摊到家庭人均收入上，人家还是比你低得多，可你就嫌人家挣得多了，不舒服了？（注意，很多大学生受刺激，并不只是嫌自己的收入太低，而且还嫌农民工的工资太高了。）

我知道，你还要辩解，你还要买房，否则就娶不起媳妇；而农民工已经有媳妇有孩子了，不需要考虑房子，所以，他们的收入不应该比你高。是的，我承认，你有梦想，你要当大城市里的房奴，可是你怎么不想一想，那些收入比你高的农民工，他们可能连县城和乡镇上的房子都不敢奢望。看吧，连你的烦恼，也要比他们的烦恼高级一些，你还有什么不满意的？我们先不说买房了，改说租房吧。你们这些大学生，在租房的问题上，是不是比农民工奢侈得多？农民工可能工资比你高1000块，但是，他们花在租房上面的钱，却往往连你的一半都不到——农民工租的房子，往往位于城市里面最差、最乱、最脏的角落。那个空间狭小而黑暗，那种房子，即使让你白住，你也是不愿意住的，你会娇气地认为，“这简直不是人住的”。或许，在潜意识中，你根本就没有把农民工当人看，所以，你认为他们没有资格拿比你高的工资。

或许，刚刚踏上社会不久的90后农民工，他们在生活方式上比较奢侈，花起钱来大手大脚，但大多数农民工，尤其是在年龄上属于我们父辈的那一批农民工，他们是最不会享受生活的“守财奴”。你们这些大学生，在毕业之后，即便是收入不高，出行时也是坐高铁、动车、卧铺、直达车，而那些收入比你们高的农民工，他们出行坐慢车，因为“他们的时间不值钱”，很多时候，他们连硬座车票都买不到，而只能一路上站二三十个小时——他们中很少有人会在网上订购火车票，甚至是连电话订票也不会。你们每隔一段时间都要跟几个狐朋狗友聚在一起海吃大喝一顿，而他们，常常是一直等到菜市场快要关门的时候才去买别人买剩下的菜叶，只图个便宜；你们买衣服，要看牌子，而他们，连牌子是什么都不知道；你们收入是不高，可是，你们不但要用iPhoneN而且还要用iPadN，而他们，手里拿的则是早已被市场淘汰多年的破手机。城市的各项服务早已离不开他们，而他们却生活得如此艰苦，难道，社会不应该支付给他们更高的薪水作为补偿吗?

农民工的工资是比一些大学生高，可他们的工作性质，大多数都只是机械的重复，枯燥乏味，即使干个三五年，也很难有技能上的提升，一旦离开了这个岗位，原来所积累的经验，几乎是全部作废了。并且，他们的工作，可替代性比较高，你能干，别人照样能干，基本上不存在核心竞争力的问题。因为没有技术做支撑，所以，农民工的工资增长得很缓慢，除非市场供需关系在短期内发生了重大变化。而大学生干的工作，尽管刚开始工资会比较低，但总体上，其技术含量远非农民工的工作可比的，你只要踏实肯干，总能学到很多让你终身受益的东西。这些东西，不但会增加你的人生智慧，而且，从长远看，也对你收入的增加不无裨益。一个比较明显的现象是，农民工从一个公司换到另一个公司，收入往往很难有大的增加；而大学生跳槽的时候，薪水增加的幅度则明显比较高。所以说，农民工工资比你们高，也只是暂时的，他今年工资是这么多，五年之后，工资可能仍将是这么多（扣除通货膨胀）。而你们大学毕业生，就不一样了，你们的工资比农民工低，也只是暂时的，所以，不要有太多的怨气，不要急切，要有耐心。连笔者这么一个当年工资远远低于绝大多数农民工的锉人，在一个仅有五人规模的小公司浸泡了四年之后，都脱胎换骨了，我想，大多数毕业生只要能一步一个脚印地熬，总会有出头之日的。

大多数老一代农民工，都跟我爸这个从来不敢外出打工的老农民一样，文化素质比较低，并且他们也没有啥兴趣爱好，即使有兴趣爱好，也没有精力和财力去发展。他们背井离乡来到一个陌生的城市，唯一的目标就是努力多挣点钱，不但要多挣，而且要多攒，开源与节流双管齐下。就像《水手》里面那句歌词“都市的柏油路太硬，踩不出足迹”所说的，他们对自己所工作的城市，毫无归属感。在这里，连他们的名字，也没有几个人知道，至于他们的喜怒哀乐，更加没有几个人去关注了。他们这些“乡下人”常常被一些没有灵魂的都市人赤裸裸地歧视，他们也常常被一些善良的城市人居高临下地同情，而这种不合时宜的同情，恰恰又不合时宜地伤害了他们的自尊心——他们，常常自卑而敏感。在城市里，他们没有亲人，也没有几个真正的朋友，也不会刷微博、上微信，没有可以交流的对象，他们非常孤独。在这种生存境况下，能多挣点钱，几乎是他们唯一的幸福源泉。所以，农民工的工资比大学生高，天然地具有合理性和正当性。善待普通劳动者，应该是社会进步的题中应有之义。而年轻的大学生，就不一样了，虽然收入低，却有较高的文化素质，并且往往都有属于自己的爱好（至于这个爱好是不是能算得上特长，这并不重要），可以有比较丰富的业余生活。挣钱，不是，也不应该是唯一目标。或许，你也感觉到自己无法完全融入所在的城市，但至少，你在这里还有几个同学陪你叙叙旧，有几个女同事八卦一下你的情史，让你小小地幸福一下。跟农民工叔叔们一样，你也对这个城市缺乏归属感，但起码你已经规划着要在这里买房子了——至于能不能买得到，那是另外一个问题，至少，你已经敢想了。而拥有目标，这本身就足以让人幸福。所以，你尽管收入低一些，但实际上，生活质量要比农民工高得多，你应该知足。

既然对大多数没有啥爱好的农民工来说，能够多挣点钱，几乎是他们唯一幸福的源泉，那我们就应该承认农民工工资比大学生高的正当性，让这些干着最脏最累的工作的普通劳动者从较高的收入中获得尊严感——对他们来说，获得尊重，甚至比获得高薪水还要困难得多。而大学生，与农民工相比，工作比较有技术含量，有很多内容是有创造性的，应该可以从这些创造性的活动中获得乐趣和幸福感，工资低所带来的缺憾，应该可以通过创造的乐趣来弥补。在一些制造型企业里面，办公室白领比生产线上员工工资低，早已经是很正常的现象了。生产线上工人的工资构成中，加班费是大头，但是，并没有几个办公室的人愿意去生产线上当工人以获取更高的收入，倒是那些拥有较高收入的生产线员工，把进入办公室当作一个晋升的机会。

大学生埋怨自己收入没有农民工高，不仅是急功近利、相当浮躁的表现，而且还显得志大才疏。如果你真羡慕我们父辈的农民工工资比你高，那我请问你一句：如果让你去干农民工的工作，拿那份较高的工资，你愿意去吗？如果愿意，那我建议你尽快换工作；如果不愿意，那你对那份高收入工作的向往，就只不过是叶公好龙而已。

最后，我还想问大学生们一个问题：如果苹果给你的工资比富士康稍微低一点点，你愿意去苹果还是去富士康？

不读书，精神世界就是贫瘠的吗？

一般来说，与理科生相比，文科生，尤其是文史哲知识丰富的文科生更容易给人留下学识渊博的印象。诚然，我们常常也会觉得一些理工科出身的人学识渊博，但他之所以能获得这样的美誉，往往因为他文理兼通，有着丰富的文科知识，而非凭借其专业知识。亦即，通常在一个人的文化涵养或“装点门面”方面，文科知识的功效似乎更明显一些。

这是为什么呢？因为文科的东西，尤其是文史哲，涉及的大都是基本的人生识见，比较通俗易懂、门槛低，谁都可以插上几句话发表自己的见解，故而在日常交流中适用性强，表现和卖弄的机会也多。而理工科的知识，专业性太强，外行往往欣赏不了，故而一个人很难仅凭理工科知识就显得很有文化。

当一个女子很有文化涵养、很有气质的时候，我们往往会用“知性美”一词来赞誉她。但按照上面所提到的思维惯性，似乎是一个文科背景的女子，即使理科特别差也有可能显得像个知性女子，而一个理工科出身的女子必须要文理兼通才会表现出她的知性美。我靠，这不是太难为理工科的妹子了吗？评判标准有问题！

其实，在更深层次的意义上，我对文化素养或“知性”的理解，并不是一个人读了多少书、能背多少首诗，而是ta是否有灵性、思维是否敏捷。活的思维方式要比死的知识有价值得多，这一点是毫无疑问的。

我接触过很多这样的人，他们的阅读量特别大，说话时可以海量地引经据典，但你很难看出ta把读过的东西都转化成自己的。就是因为缺乏灵性，这样的人，很难称得上知性。我还接触过一些这样的人，他们也许没有读过几本书，所以聊天写文章时没法引经据典，但也正因为没得引用，ta便不得不去原创，结果，ta被逼出了惊人的创造力，观点独特、表达方式新颖。这才是真正的灵性和可爱。

灵性和知性并不一定非得通过读多少书来实现，关键在于你是否善于思考。为什么一定要读书？一个画家也许是不读书的，可你能说他的精神世界就是贫瘠的吗？

好吧，到这里，是该承认我的真实意图的时候了：上一段以及前面的所有段落，都是醉翁之意不在酒，都是起铺垫作用的。我真正想说的是：一个理工科的妹子也许是不怎么读书、不会写诗的，可是，我在她身上看到了诗意、看到了诗人气质，这怎么解释呢？“只会写诗的人是泥水匠，而具有诗人气质的人则是建筑师；只会写诗的人充其量只相当于一个钢琴演奏者，而具有诗人气质者，则是乐师。”确实，与读了多少书相比，诗情画意，才是真正的灵性和知性。

复旦差生们，“贵族气”很恶心

我矛头所指向的，并不是极个别复旦同学，而是众多我认识和不认识的复旦“高才生”们。

复旦的很多学生，尤其是本科出身于复旦的毕业生，往往自认为“血统很高贵”——相当多的复旦老师也在给他们的学生们灌输等级意识，这些复旦老师常常将外省市的高校称作“下面的学校”，言外之意，他自己就是处在“上面的”学校。真恶心，人家又不是你的二级学院，又不存在领导关系，你又不是中央，凭什么叫人家为“下面的”呢？

自我工作以来，与复旦同学聚到一起时，有好多人总是喜欢提（有意识或者无意识）一个问题：“你们公司的同事都是什么学历，都是哪些学校毕业的？”另一个更荒唐的问题是：“他们知道你是哪个学校毕业的吗？”

对这种不上档次的问题，我都懒得回答了。尽管懒得回答，但我仍然保持批判的热情。提这两个问题的，几乎清一色为那些像苏清涛一样“混得比较差”（按社会普遍标准衡量）的同学。那些“混得比较好的”人几乎从来不提这种问题。（当然，我与这些“混得比较好的”人不在同一个档次上，接触的也不多。这样说必然会伤害或得罪一些与我关系比较密切的复旦同学，但我还是得这么说。）

这些过分看重“血统”并将自豪感、优越感建立在“高贵的出身”上面的人，基本都是复旦的差学生、烂人，是除了显赫的教育背景之外身上别无亮点的人。这些人缺乏真正的自信，因为他们的自信心不是建立在自身实力的基础上，而是建立在“名门望族”这一品牌的基础上。这些与苏清涛一样的复旦烂人们（或者比苏清涛稍微强一点点），要么是高分低能，要么干脆低分低能（我最初创造出“低分低能”这个词就是用来评价我自己的）；要么有知识无思想，要么干脆既无知识又无思想。我深入接触过一些甚至没上过大学的朋友，他们的学识、思想及才能远非这些言必问教育背景的复旦烂人可比。

这些言必问“哪个学校”的复旦烂人们应该反思一下，你身边有相当多的人没有你那么显赫的教育背景，却在工作上有与你相当或者比你好的成绩，你应该有的是羞耻感而不是优越感。（当然，一个人优秀与否与成功与否是两个不同的问题，不应该画等号，只是某些人通常把外人眼中的成功标准看得比优秀更重要，所以我忍不住要拿他们的不成功来羞辱一下他们，来打击打击他们作为名校毕业生的那份傲慢。）请始终记住，复旦的光环只能暂时满足你的虚荣心，而不能证明你的实力，靠虚荣来维持的只能是“伪贵族气”而不是贵族气。

你本可一炮而红，却毁于拖延症

拖延症，是一个让好多人都无比头疼的问题。但无疑，这个缺点，是很接地气的。

为何说它“接地气”呢？因为大多数人都有这个毛病啊，这里的“大多数”人没有经过调研，没有数据支撑，但其实没有几个人敢理直气壮地说自己就没有拖延症。

一般来说，接地气的东西往往就不够高贵，但拖延症却例外，它既接地气又有几分高贵。

这个“高贵”，又如何理解呢？拖延症患者，一般都具有不见棺材不掉泪，甚至是“见了棺材也不落泪”的魄力和霸气，安得不令人钦佩？

我对拖延症患者的膜拜乃是源远流长，有一个经典案例，我曾经引用过无数次。我大学毕业那年，是5月交论文，可室友在4月底还没有动笔，而我早在4月初就交上了初稿。室友真诚地对我说：“我好崇拜你啊。”我毫不虚伪地对他说：“你错了。我之所以能那么早完成，是因为我非常讨厌写论文，并且，我对能否写好论文一点把握都没有，这简直就是我一个挥之不去的阴影。我必须很早就动手，先把它写好，然后才可以放手去做其他事情。而你之所以迟迟不动笔，是因为你信心十足，你认为自己可以在半个月内搞定。这是一副怎样的举重若轻和气定神闲啊。所以，应该是我崇拜你才对。”

此话百分之百发自肺腑，绝无半点讽刺，并且，自此之后，我对拖延症患者的崇拜之情是一百年不动摇。与此同时，面对那些敢于拖延的人，我总是有几分自卑。与此同时，由于非常不自信地承认了自己做事的低效率，所以从来不敢拖延。

在面对一大堆任务时，我一般是将其先简单地分为可做、可不做和必须做的。再将“必须做的”分为省事的跟费事的，先将省事的做了，有利于提高整体的目标完成率。在那些必须做且费事的任务里面，我一般是先做我讨厌的，把相对喜欢的放在后面——如果是把讨厌的留在最后，则你在前面做那些自己喜欢的任务时也会闷闷不乐，全程都痛苦。

拖延症的另一个诱因是完美主义。完美主义，是对自己的一种高标准要求，当然是有几分高贵的啦。

完美主义者，总是对自己太苛刻，“等条件具备了、等我有把握一炮打响的时候再行动”，但事实是，时间不等人，等这些条件都成熟了，机会可能就已经错过了。

在我刚参加第一份工作的时候，上司对我说：“喜欢思考的人，往往有一个严重的问题——行动力差，光任劳任怨不够，关键是要有效率，尤其是，不要完美主义。”

完美主义者们努力想把90分提高到100分，并为这个目标无法实现而痛苦；同时，却从未想过要腾出一部分精力来把另一处的30分提高到60分，尽管这要容易得多。在“边际成本上升、边际收益递减”规律的作用下，偏执于一端的综合收益及性价比是很低的，不划算。这，便是我当时做事没有效率的原因。

也不知道中间用过什么“灵丹妙药”，反正，我现在是不再那么完美主义了。但在有的事情上，比如搭讪的问题上，还是无可救药的完美主义者。

我完全不会跟人搭讪，不仅不会跟女人搭讪，而且也同样不会跟男人搭讪。我甚至很擅长在自己并不熟悉的话题上跟人进行深度对话（只要临时稍作研究就行了），尤其擅长跟人谈心（包括不熟悉的人），但像搭讪这种浅交流的事情，对我来说，简直比登天还难。结果是，在社交场合，我常常像个傻子似的一脸茫然。当然，我也清楚，我并非不会说话，只是太过于完美主义，我觉得，大多数人的搭讪方式都太老套无趣了，不希望自己也显得那么平庸乏味。我一方面指望自己的每一次搭讪都是富有创造性的，假如搞不出新花样儿，我就宁可不搭讪；但另一方面，我又不具备无穷的创造力。于是乎，就“注孤生”啦。之前，有好几个朋友要介绍姑娘给我这单身狗，但苦于不会搭讪，我要么是没接受，要么是虽然加了对方微信，但没说过几句话。

完美主义，其实是对自己吹毛求疵，跟自己过不去，是意识到了自己的平凡，却不肯承认和接纳自己的不平凡，硬是要不自量力地超越自己。但是，我们却只是把这种超越停留在理论上、停留在幻觉中，而不是落实到行动上——思考得太多，容易让人瞻前顾后，继而行动力变差。这既是完美主义会导致拖延症的一个原因，也是很多思想者实践能力差的原因——其实，不是实践能力差，而是迟迟不实践。

完美主义倾向，还让人对失败充满恐惧，万一做不好怎么办？进而，为了避免失败，便不作为，并且浪费在编制计划和焦虑上的时间，要比花在实际行动上的时间多得多。而迟迟不肯行动，又必然会导致实际成绩比较糟糕，这样一来，自信心便可能被击溃，甚至是走向恶性循环。

因此，要从完美主义的困局中解脱出来，首先就要跟自己和解，接纳自己的不完美，宽以待己，要有输得起的心态。在不重要的事情上，应当得过且过、“60分万岁”。在重要的事情上，可以追求过程的完美，但不要苛求结果的完美（那不是我们自己所能左右的）。“尽吾志也而不能志者，可以无悔矣。”若能这样想，做起事来，便没有心理包袱了，包袱少了，自然能够“三下五除二”。

完美主义者行动力差的一个心理基础是，如果因为迟迟不做而没有成绩，我们可以安慰自己说：“失败，并非能力不够，我如果做的话，就会成功。”实际上，在这种情况下导致任务没有进展的人往往都是心里没底，而且还可能是事先也知道自己即使努力了也不会成功。与其积极地做了然后得到失败的结果而受挫，还不如一开始就干脆不做呢。

这说明了什么呢？如果一事无成的原因是能力不足，那这种失败便是可耻的，而且，只要失败是唯一的结果，那铁定是做得越多便越可耻；相反，如果失败是由不作为造成的，那这种失败就并不可耻。

故而，树立正确的荣辱观，对我们告别完美主义拖延症至关重要。看了这篇文章之后，我们就应该有“行动了，但因为能力不足而失败了，这并不可耻”“不作为引起的一事无成才最可耻”的意识，鞭策自己行动起来。

如果你还不是思想家、艺术家，或者不具备思想家或艺术家气质，那就不要把思考当成实践，把思考当成自己的事业。或许，你虽然也是个艺术家、思想家，但在那些非思想、非艺术的工作上，就不要过分沉迷于思考了。

在你不行动，光思考的时候，有些东西，终究会被漏掉，而行动，可以发现问题，带动你更好地思考，进而把事情做得更好。因此，把我们所做的事情带向完美的，是行动，而不是凭空思考。行动起来吧！

红酒，穷讲究与文化自卑感

看过一个讲“有文化”与“没文化”的段子，其中，印象最深的一句话是：“有文化，小口品红酒；没文化，红酒满杯干。”这不是玩笑，很多人确实在内心里鄙视红酒满杯干的行为。

见此真知灼见，我先是一笑，然后便自觉“错号入座”，非常谦虚地把自己归为“没文化”的一类，尽管我并没有对红酒一口闷过。

懂得很多关于一种酒的细节、仪式，固然是一件很有文化的事情，但问题在于，对细节的讲究，究竟是因为自己确实对那些形式感兴趣呢，还是只为了展示给别人看，在别人面前显示自己的品位有多高呢？你有足够的底气承认自己纯粹就是前一种吗？外国怎样我不懂，反正，在中国古代，礼仪、礼节之类的东西，在最初包含了深刻的政治意味，讲究某些无聊的礼节，往往就是故意显示出自己高人一等，并与那些下等人划清界限。

喜欢红酒文化固然是一种生活情趣，但如果因自己懂得多就去把不懂或不屑于那一套形式的人都定性为没文化，这种优越感不是来得太可笑了吗？倘若对红酒文化缺乏真兴趣，却还要去讲究那么多的细节，表面上是在媚雅，实则是在媚俗——迎合一种价值观，让自己显得高大上。当然，还有一些人，他们讲究红酒的喝法，既与兴趣无关，也与装逼无关，而只是为了不被鄙视，也就是说，是在追求一种安全感。在一个装逼的社会里，心理脆弱的人如何获得安全感？那就是，自己也跟着装。

怎样的人喜欢装逼？记得俞敏洪经常说自己不知道服装怎么搭配，看来成功人士，都不需要装。只有不成功的人、心理上不够成功的人，才穷讲究。（不成功的人，更加希望出人头地，如果做不到，就想办法让自己看起来已经出人头地了。）

想起几年前有部火爆的电视剧《双城生活》，里面的婆婆杨曼丽，打扮精致，举止优雅。从未去过英国的她，有板有眼地教儿媳妇享用标准的英式下午茶。她也会去老牌咖啡店喝一种叫清咖的咖啡。“侬晓得什么叫清咖伐？不加糖不加奶的就是，我们只喝这个。”她从来没有去过英国，却总是开口闭口“我们英国怎样”。剧中被其他人背后称清咖，得名于众人对其喝清咖时的神韵的膜拜。当儿媳妇郝京妮知道婆婆竟然从来没有去过英国时，忍不住大笑出声：“没去过英国，那她装什么装啊？”这笑声中，带着几丝轻蔑。

她为什么要装？为什么很多中国人喝咖啡、红酒要比喝茶时更讲究更精致？社会学上对红酒的鉴赏能力，对歌剧的欣赏能力，对奢侈品的欣赏，对艺术品的鉴赏能力等都可以划归为上流社会为了与中产阶级区分开而创造建立出来的，这些上流社会专属的娱乐或雅好只是为了确定上流社会这个阶层，中产阶级一直在不断努力靠近上流社会，上流社会就不断确立新的雅好。

中下层的附庸风雅，实际上是一种文化自卑感。

文化自卑感，这个词语固然刻薄，却没有冤枉多少人。你看，一提起浪漫，大多数人头脑中的符号首先就是玫瑰花、音乐会、电影院、西餐、葡萄酒、圣诞节等等吧？大部分人心目中的浪漫元素，都是源自西方的，但他们却忽视了一个根本性的问题：浪漫，重要的并不是道具和形式，而是创意。

说起文化自卑感，还想起前几年很多用MSN的人认为自己比用QQ的高端。可笑不？可笑，我自己也差点被当时的氛围洗脑了。

说起文化自卑感，我还想到，中国人在用英语的时候，特别讲究语法，尽管我们在用汉语的时候都不怎么讲语法。更可笑的是，很多中国人，常常批评或嘲笑中国人英语发音不标准（但美国人并不嘲笑），可他们却不会嘲笑很多美国人、英国人的英语发音不标准——他们对美国人、英国人说自己国家官方语言时带着地方口音表示认可和接受，却对中国人讲一门外语时带着口音很不认可。（类似的是，很多国人，不会说北京人普通话不标准，却爱议论其他地方的人普通话不标准，北京人也很少说别人普通话不标准。）

这下，豁然开朗，明白“穷讲究”的真正含义了：这里的“穷”，既不是物质上的贫穷，也不是“穷途末路”，而是骨子里的卑微感。因为自卑，所以敏感，因此，就更加在意那些无关痛痒的细节了。

第四章

小事业也要有大格局

一个人，即使没有任何背景，靠着日复一日的坚持和努力，学会聚焦，在一个领域做到极致，也能闯出属于自己的一片天地。

小事业也要有大格局

上周六晚，一个自媒体来找我征求转载授权，按照惯例，我先让他把自己账户的名片发给我。进去浏览了一两分钟之后，我经历了一个复杂的情绪波动——先是心酸，然后是由衷地钦佩。

那时，他已经推送了八期内容，大概是每一期三篇作品，但是，绝大部分的阅读量，都停留在个位数。

尽管内容都是转载的，但他编辑得特别用心——比我用心多了；可是都八期了，却还是没有几个粉丝，所以，我感到心酸。

然而，当指尖在屏幕上重新走了一趟之后，我的情绪突然高涨起来了。

我不再为他感到心酸了，相反，转为由衷地钦佩——粉丝那么少、阅读量那么低，可他却还是有耐心、有热情把这个事情做下去，而且做得很好，这难道不是一件令人钦佩的事情吗?

我知道，很多大佬在做自媒体的时候，都不是从零起步，而是从其他平台引入第一批“原始粉”。我在去年6月底刚起步的时候，也不是从零起步的，在还没有推出一期内容的时候，我就先从人人网邀请了第一批用户入驻，有两三百人，随后的半个月内，共邀请了五百旧粉，这算是我的“第一桶金”。尽管基础还可以，但我只做了四个月就再也坚持不下去了。一方面，我的选稿能力确实太差，另一方面，我对选稿也不怎么用心，随随便便传一篇上去就算了，因此，选来的内容不怎么吸引用户，传播性差；再有，我在编辑的时候，也马马虎虎，至于排版什么的，根本就谈不上，甚至常常直接把其他账号上的内容原封不动地给复制过来。结果就是，做了四个月之后，粉丝停留在2100粉，无论如何再也涨不上去了。直到春节期间因为回答一个朋友的问题而写了篇《不是读书没用，而是你这个人没用》，在只有2100粉的情况下阅读量达到了23000粉，我这才重新燃起信心，当然，此后就只做原创了，那是后话。

跟眼前这位小号的经营者相比，我是不是太差劲了？！

突然间，我开始为自己原先的“感到心酸”而羞耻了。我为他感到心酸，尽管也是善意的，但那是居高临下地同情他；可我自己又是个什么东西，我有什么资格来同情人家呢？！我仅仅因为粉丝增长太慢就半途而废了，而他，尽管没有一个人为他鼓掌，但他依然在默默地按照自己喜欢的方式做着自己喜欢的事情。当初的我太浮躁，而他，却甚少受到外界噪声的干扰。这难道不是他比我高出了不知多少倍吗？

此外，当前靠转载生存的大号在版权方面都比较规范，发文的时候努力地联系作者，如果联系不上，就宁可不发。但绝大多数小号，都是“反正我是小号，怕啥”，哪怕联系到作者轻而易举，他们也不会联系作者授权，甚至还懒得署名。不过，眼前的这个账户，每一篇，版权信息都特别规范，如果实在联系不到作者，他也会写上“来源：网络。如有侵权，请及时联系，我们将予以删除”。（这么一句简单的话，绝大多数自媒体都不会写。）

如果把他做自媒体也理解为一种创业（纵使他没有长远的盈利愿景，但能扎扎实实地做自己喜欢的事情，就是创业了），他这就是在“以大公司的标准来做小公司”，在刚起步的阶段，已经开始用高逼格要求自己了。他以这种态度做自媒体，就像是创业型企业在还没有客户的时候，已经把产品打磨得特别好了。

我们知道，很多创业者，在刚开始，会以“反正我是小公司”来为自己种种不规矩的行为做开脱，结果，时间一长，恶习积累得多了，就真的积重难返了。小公司的机动灵活当然是优势，但可惜他们把机动灵活当成了“没原则”“没底线”。

而眼前的这个他，却让我看到了小创业者也能有大格局。可能在客观方面，因为种种自己不能左右的原因，他层次不高，但在主观方面，他却成了一个逼格很高的人。

如果你正处于事业的起步阶段，却对自己没有逼格上面的要求，看了上面几段，会不会有点惭愧？如果有，那就赶快改过来吧。

你能为孩子提供的最好的生活条件，就是你自己的精神状态

前段时间，有读者留言问过我：你是怎样炼成的?

我有一个了不起的老妈。

我妈是1960年出生的，80年代初的高中毕业生，虽然，在那个年代，她算得上是个“知识分子”，但照样得当农民。不过，她不甘心，于是供我读完了本科，供我妹妹读完了研究生，我弟弟如果不是高中时自愿退学，她也会继续供下去。但我妈从来没有在我们面前说过半句“我养你们几个很辛苦”。相反，直到大学，我收到我妈的信，她还在“自我检讨”：我没什么本事，能给你的太少了，让你输在了起跑线上。

诚然，她对我爸的埋怨比较多，但这也是可以理解的，因为我爸确实是一直在拖后腿。（我爸是小学学历。我妈做事有远见、有魄力，我爸则是各种保守。我妈就像雄心勃勃的资产阶级，但我爸身上全是小农意识——农民阶级不是先进生产力的代表。）

当然，供养孩子上大学，这个其实也没啥难度，并不是我要说的重点。重点在下面呢，前几天，我妈在微信上转发了晚睡影响健康的文章给我，对我的晚睡提出强烈抗议。我则反驳说：那种文章，只适合一般人，不适合我这种特殊人。哈佛大学早有研究表明，聪明人更适合晚睡。你看，毛泽东、周恩来都是夜猫子，人家寿命也不短啊？然后，我妈说，可是你以前告诉我，路遥就是因为熬夜写作才导致英年早逝了啊。我说：我要是能写出《平凡的世界》那样的作品，哪怕只活35岁，我也愿意！这个时候，高潮来了。母后大人说：《平凡的世界》那种书，有何难度？我都能写出来！你们说，这牛皮是不是吹得太大了？何况两个月前，在连续剧《平凡的世界》热播的时候，她对我说："你下次去陕北出差的话，带上我，我想去看看孙少安！"然后，我忙着给她解释："这是小说中虚构的人物啊，现实中可能有原型，但绝对没有一样的人！"尽管我解释了一大堆，她还是想见孙少安。你们说说，这么天真的人，居然也敢吹牛说自己能写出《平凡的世界》这样的书，是不是太不知道自己几斤几两了？但是，我这个top5高校毕业的"高才生"都没有胆量说的话，她这么个水平的人，居然有胆量口出狂言，相比之下，她是不是太厉害了？！当然，她要写《平凡的世界》这样一本书，并不是一时心血来潮，而是早有预谋。半个月前，她让我教她怎么在电脑上使用word，说她要写书。我相信，她肯定是会写的，至于最终写出来是个什么样子，已经完全不重要了。

其实，我还是相信的，我妈其实是个讲故事的高手，她要写小说，肯定比我强多了。在过去一个多月的时间里，利用在餐馆洗碗筷的间歇时间，她在手机上读完了以下几部小说：陈忠实的《四妹子》《白鹿原》，路遥的《在困难的日子里》，阎连科的《受活》（特别特别长），余华的《兄弟》，王小波的《革命时期的爱情》等。我前天晚上又给她下载了《基督山伯爵》等一批外国小说。我看小说，一般是囫囵吞枣不求甚解，但我妈看的时候，会在精彩之处做下记号，晚上回家后，她再把精彩之处誊写到本子上。我问："你抄那干吗？"她说："这些话很好，留着，以后我在写自己的事情时，稍微改一下就能用了。"我虽然嘴上说"你这是抄袭"，但心里还是为她点了无数个赞。

我妈有时候也会自我怀疑。上个周末，她一边做钻石绣一边说：我有时候也很怀疑，我读了那么多书（不是在学校读，而是自学），有什么用，最终还不是跟别人一样当农民了？我说：当然有用了！你看，你读了这么多书，才能把我培养得这么有出息，并且，跟我没有代沟！（我31岁，我妈55岁，但我们之间完全没有代沟。所以说呢，代沟这事儿，在蠢者，有；在智者，无。）我还说，同样是农民，但你跟某些没读过书的农村女人完全不一样，她们喜欢家长里短、搬弄是非，为了一些鸡毛蒜皮档次的事情弄得鸡飞狗跳，但你就不掺和。我妈并不完美，有时候，也很俗气，也有女人身上共有的那些令人头疼的毛病。但总体上看，最起码也能二八开吧。我妈的记忆力简直是惊人，有一天看见我翻路遥的《人生》，她便给我复述了一下里面的内容，还有细节的句子，竟然全是对的！她是30多年前看的，做了30多年的农活儿，内心里却始终住着一个少年时的“文青”。

她在年轻的时候，买不起书，就常在收音机上听人说书；结婚后分家，买不起收音机，便趁我奶奶不在的时候用我奶奶的收音机——我就记得自己在五六岁的时候常常从我奶奶窑洞窗子的钢筋格子里钻进去偷收音机，等我妈听完后再放回去。这一盗窃行为引起两个后果：窗子的钢筋被挤弯了，炕上铺的油布上常常出现几个土色的脚印。

我奶奶知道事情的前因后果后，以后再外出，就把收音机锁上了。再后来，我外公给我妈买了个收音机，我跟着我妈一起听《薛仁贵征东》《薛丁山征西》《呼延庆挂帅》等。还有伍子胥、秦叔宝、程咬金这些名字，我大概是上小学的时候就听我妈说过，虽然基本听不懂。

在一个没有文化的大家庭中，唯一一个有文化生活需求的人，是会受到排挤的，但在我奶奶老后，对我奶奶照顾最好的，还是这个当年最不受待见的儿媳妇。我奶奶八十寿辰，我妈首先提出大操大办（不是多花钱，而是，办出特色，办出艺术性），我奶奶那一群无趣的亲儿子是集体反对（他们认为，磕个头敬个酒给个红包就足够了），我则是力挺，并凶了我叔叔几句。我还反复地劝慰我妈：面对阻力时，最重要的是相信自己是对的，别人都是错的，永远不要向无知的人妥协。

现在，就是侄子、外甥、外甥女等，在长辈中，也最喜欢跟我妈接触。我妹妹的一个同学，跟我关系不错，但这几年，我跟我妹妹都不在家，这家伙也经常去我们家找我妈聊天。我堂哥在第一次离婚后，家人给他张罗对象，问他想找什么样的，他说是“我六妈那样的”，小伙子，品位不错，标准很高。

我妈也不是说有多能干，而是不安于现状，不向命运屈服，一直在追求自己想要的生活。

好像孩子的确受母亲的影响更大一些。前年我跟朋友说：“你的孩子最终成长个什么样子，主要不是取决于你是谁，而是取决于你娶了谁。就拿我们家来说，我爸的个人能力，对内比不上他的四个兄弟，对外比不上我的两个姑父、五个姨夫、四个舅舅，但到了孩子这一辈，四五十个表兄弟姐妹中，合法学历最高的、合法收入最高的、文化素质最高的（我们家是三个）却都是我爸的孩子。为什么？因为，我妈比我的四个婶婶、两个姑妈、四个舅妈、五个姨妈都强。”

后来在打电话时给我妈说过这段，她高兴坏了，让我短信发给她，她要给人夸耀。我当然没发，要是我爸知道了会是啥感受。

我妈这几十年，其实也挺悲剧的，她有想法有魄力有激情，但干个啥，我爸都在拖后腿、说风凉话。为了不让这种悲剧重演，我一直暗暗发誓，以后我的老婆，她做每一件重要的事时，我都要尽力支持。

是的。我们所能给予子女的最好的生活条件，就是我们自己能拥有良好的精神状态。

假如不成功，该怎么办?

时常发现，很多收入比我高得多、职级也比我高、人比我长得帅并且智商也比我高的朋友，烦恼和牢骚也比我多出不知多少倍（是真的烦恼，而非那种无病呻吟的感叹）。

按理说，他们都比我成功得多，本不该如此啊。其实不然，参照物不同嘛：他们不屑于跟我这样的loser比，而是只与那些比他们自己更成功的人攀比，于是便觉得自己一无是处；我胸无大志，更加侧重于纵向比较，参照物是两年前的自己，只要发现自己在不断地成长，我就满足了。

不求上进固然不好，但一个人太有上进心也不好。超出能力极限的上进心，简直就是徒增烦恼。有很多人之所以活得不快乐，就是因为他们太想成功了。一个没有成功愿望的人固然没出息、没追求，但是，一个天天琢磨着如何成功的人，通常都不会快乐——能够如愿以偿的毕竟是极少数，因而绝大多数人都会有挫败感。

对于一个普通人而言，我们成为loser的概率要远远高于成为

winner的概率。那么，比研究如何成功更重要的是，我们需要认真地思考，如果不成功，该怎么办？假如不成功，我该怎样做才能活得快乐？

可是，做一个快乐的loser，其难度要远远高于做一个winner。后者需要的只是能力，前者则需要勇气、魄力和超然的自信心。做loser也需要自信心？估计这一句要把好多人搞糊涂了。倘若一个人缺乏自信心，没赚到大钱，没权，你让他怎么有勇气去面对那些成功人士？他不郁闷不自卑才怪呢。

不想当将军的兵未必不是好兵，当上将军的兵也未必是好兵，天天想着当将军的兵肯定不是好兵——也不会快乐！

一个快乐的Loser所需要的自信和勇气，是不依赖于钱、权及美色这些身外之物的；这种自信和勇气，只能依托于人格的力量，依托于他的内在气质，依托于他的精神世界。只有真正内心强大的人，才有足够的勇气和自信去做一个平凡的人，即使不成功也不觉得没面子。

在《新周刊》上看到一句话：“也许，只有一种成功，就是过自己想过的生活。”要想活得洒脱，就不应该屈从于外界的成功标准，而是遵从自己的内心。

坦然面对不成功，就需要有输得起的心态，不能过分畏惧失败，要学会享受过程，应该理想主义，但不应该完美主义。

何谓享受过程？譬如说，我在爱情方面就是非常不成功的，尽管姑娘们都拒绝了我，但是，能够被她们认识，这对我来说已经是一种很大的收获和荣耀了。她们的存在，使我对很多问题有了更深刻的思考。表白前，我认为暗恋的感觉如此美妙，每一丝的紧张与忐忑都让人回味无穷；表白期间，我享受于写情书的过程；被拒绝之后，失落啊，却没有多少痛苦，因为我陶醉于那份单相思中。后来，我将自己在未能如愿的单相思中的感悟整理成一篇篇优美的散文（不是哀怨文）时，我突然间明白，失恋是把双刃剑，如果被拒绝能够激发创作灵感，那么，这种被拒绝就仍然是有意义的。如果有谁仅仅以“精神胜利”来解释这样一种心理，那我只能说你没有认真思考问题，或者说压根儿就存在概念上的错误。我并未自我欺骗，说是自己成功了，而是在承认自己是个loser的大前提下得出这样的结论。

有勇气做一个不成功的人，就需要从诸多不如意、多种可能性中发现和感知最富有喜感的一面。从人生的长河中看，如愿以偿的几率很小，不成功、阴错阳差，才是常态。因此，我们要善于选择性忽略或遗忘，花更多的心思来享受那些阴错阳差带来的美，少计较那些未能如愿的遗憾。

我的人生比较单调，第一件不成功的大事情就是高考。2002年和2003年两次高考，我都未能如愿以偿进入人大或中国政法大学，当时，失落至极。但是，现在再回想，我十分庆幸当年的“不成功”，如果侥幸成功了，我又怎能阴错阳差地进入复旦？如果不能到复旦，我岂不是就错过了这一帮亲爱的同学们？——是他们重新塑造了我（老师们的重要性倒在其次）。诚然，即使我不到复旦，到了其他任何一所学校，也仍然可能认识一批优秀的同学们，但是，这种假设中的可能性，又怎能与我已经经历过的活生生的现实相比呢？人生有无数种可能，我偏偏认为已经实现的这种可能性是最美的，哪怕它只不过是不成功的副产品。

如今，我倾向于认为，已经不幸走上的这条不成功的路，要比那些没有机会尝试的成功之路有价值得多。这条路再怎么差劲，也是你经历过的，也带给了你实实在在的体验；那条路不管多好，终究不过是个虚幻的概念而已。对已经实实在在拥有的一切，你当然可以随便挑剔它的种种不是，但只要你足够用心，你也可以找到一万个珍惜它、爱它的理由。对于那种未曾实现的可能性，你当然不会因为它的不好而牢骚满腹，但倘若你要爱它，却连一条充分的理由也找不到。如果你只会为没有进入理想中的名牌大学而哀叹，却不曾尝试着去发现在这个让你失望的“二流大学”其实也有好多地方比那些名不副实的名校强，没有想到过也许你在这个平台上收获的会比在名校收获的更多；如果你只是为自己没有进入理想中的大型企业而失落，却未曾意识到对一个普通的小职员而言，小公司其实更有利于你的发展（进入正规的大公司，你可能只是标准化流程中的一个普通的螺丝钉而已，进入小公司，你反倒可能成为全面发展的人才）；如果你只是在为没有娶到哪个自己最想娶的女人而感到伤心遗憾，却不曾发现你身边这个“将就品”倒是别有一番可爱迷人之处——总之，如果你不懂得把握当下已经拥有的，你将不会感到真正的幸福；如果没有一种富足的心态，那你生活中的悲伤、失落将远远超过快乐。

造化弄人啊，因为一份不成功的工作、一次失恋，让我意外地踏上了文艺青年之路。倘若她当时接受了我，那我便不可能走上这条路，至少要晚好几年才会，一方面，因为最初的写作都是为了弥补感情受挫后的失落和空虚，另一方面，假如当时成功了，便没有那么多空暇时间写日志了。写到这里，我仿佛听见一个声音冷笑着：文艺青年有什么好的？我只能如此回答：文艺青年好不好我不知道，但我清楚的是，我不会甘心于做一个普通青年的，倘若不是做了文艺青年，那我肯定就变成二逼青年了。

在相当长的时间里，种种的不成功，让我身上一直笼罩着一股自卑的阴影。2008年4月，我无意间看到周国平的一篇文章《自卑与自信》，其中有几句是："倘若一个人从来不曾有过自卑的时候，则我敢断定他的奋斗是比较平庸的，他的成功是比较渺小的。事实上，许多伟大的天才并非天性自信的人，相反倒有几分自卑，他们知道自己的弱点，为这弱点而苦恼，不肯毁于这弱点，于是奋起自强，反而有了令一般人吃惊的业绩。你们围着他，向他喝彩，他惶恐不安了。你们哪里知道他心中的自卑，他的成就只是做出来给自己看的，绝没有料到会惊动你们。"我终于释然了，原来不成功、自卑，没有什么大不了的。倘若没有曾经的种种不成功以及那些自卑感，我便不可能去看周的文章，进而走上写作之路。

冥冥之中觉得，在每一个不成功后面，都潜藏着另一个成功的机会，甚至可以说，后面这一个潜在的成功机会，如果你能好好把握，那么，由此取得的新成功的价值不仅可以将前一个不成功带给你的阴影对冲掉，并且还可能绰绰有余！不幸的是，这个机会是戴着面具的，大部分人都发现不了它。

在不成功发生之后，痛苦或失落是难免的，但这痛苦或失落的程度又是因人而异的——关键取决于你以怎样的心态去面对这个不成功的结果。譬如说，你种的是瓜，结果长出来的却是豆，怎么办？如果你只是纠结于“我要的瓜哪里去了”，却看不到豆的价值，那你无疑会痛苦无比。倘若你能真诚地说一声“吾爱瓜，吾更爱豆”，并带着愉快的心情收获，则是另一番滋味。从最初种瓜的目标来看，你仍然是不成功的，但这又有什么关系呢？

所谓有勇气做一个不成功的人，就是说，当你在种“瓜”的时候，先要有只能收获“豆”的心理准备，可是，从外观上看，“豆”毕竟太小，没有“瓜”那么显眼，不是每个人都能看得见，这就需要练就一双慧眼，增强洞察力。至于如何培养发现“豆”以及收获“豆”的能力，大家还是摸着石头过河，在实践中成长吧。

现在，回到标题中的问题：假如不成功，该怎么办？如果有人敢试图“冒充大师”，写几本书来探讨解答这个问题并能受到广大读者的欢迎，那他说不定已经无意间走向成功了，或许，这样的一种成功，比陈安之式的成功更有含金量吧！

碰到工作不体面该怎么办？

常常有一些刚毕业的学生找我诉苦：找不到工作，怎么办？

遥想我自己当年，也是迟迟找不到工作。

我清楚地知道自己根本就没有啥能力，实在没有必要留在上海，所以，我找工作时首先就把上海排除在外了。我首先来到了昆山，一是因为毕业前就来过几次，确实喜欢这个城市；二是因为有同学在这里，我好歹还有个避风港。但在人才市场上，那些HR在接收简历时，通常都会问道："你是复旦毕业的学生，不留在上海，竟然也甘心来我们这样一个小小的县级市？你是统招的吗？"是谁规定的复旦毕业的学生就必须留在大城市了？

在找工作最艰难的时候，我曾打算把复旦的毕业证藏起来，用高中毕业证去制造业中找份月收入1600元的普工差事。无奈的是，我的高中毕业证，早就借给多名未上过高中的堂弟使用了，然后就下落不明，所以，普工就没有当成。一年之后，我跟同学提起这事，他说："你这动手能力如此之差，在工厂里做工人，肯定是不合格的。”我问：“会不会不到两天就被开除了呢？”他说：“用不了两天，两个小时就会被开除掉。”他对我的能力和制造业对普工的技能要求都是知根知底的，并没有夸大其词。我的一个高中同学也曾经表示，如果实在找不到工作，就去做工厂蓝领，但他又忧虑这样会不会脸上无光。当时，我对他说：“别嫌某些工作不体面，我觉得，最不体面、最没面子的事情，就是毕业之后还无法养活自己，要靠父母接济。”

进入制造业做蓝领并不可怕，真正可怕的是，心已沧桑，放弃了年轻时的梦想，丧失了奋斗的激情，满脑子里只有绝望和无力感。但只要你仍然在坚持和追求梦想，仍然有奋斗的勇气，不管你是否已经成功，你都是强者。做一个快乐的清洁工，也要比一个牢骚满腹的大学教授强得多。

我有三个朋友，2001年年底，在他们17岁的时候，进入了深圳一家跟富士康差不多的公司做工人，常常是每周上七天班，每个月工资只有600元，但他们都省吃俭用，每个人凑够了1000元，然后去报职业培训班学CAD制图（现在看来，这个并不是多么高端的技能，会的人很多，但在当时，也算是了不起的技能了）。学有所成后，他们都换了更有成长空间的工作。尽管他们都是从毫无技术含量的普通工人做起，但都坚持学习。现在，这三个人，有一个经营着有十几个人的贸易公司，年营业额5000多万元，并且盈利模式很先进，拥有自己的品牌，找别人给他们OEM。另有一个人，有一份年薪10万元的职业经理人工作，戏称是个“CEO级别的人”，同时，还投资了一家儿童游乐场。还有一个人，个体户，自由职业者，每个月有二十几天都在家里睡觉和上网，但每年也有十几万元的收入，并且，他知识面极广，谈笑风生的水平超过大部分top10高校的毕业生。

我的第一份工作是保险公司的服务营销——一份被绝大多数人鄙视的、社会最底层的工作。我一共干了五个月，底薪1200元，但没有卖出去一份保险，除去房租和吃饭，净收入为负。但在五个月的保险生涯结束后，当我再重新去找工作的时候，面试机会就很多了，这也算是“曲线救国”吧。在这里，我以自己的失败教训建议求职遇挫的同学，如果实在找不到自己满意的工作，可以先干一份“差得不能再差”的差事，作为跳板，在你以后跳槽时，哪怕是之前的旧工作与新工作毫不沾边，你也要比那些跟你水平差不多的应届生更有优势。之所以如此，一是因为差经验总比没经验强一些，虽然这个法则貌似很傻，但很多用人单位的负责人确实就是这么想的——既然你无法改变别人的傻，那就不妨先去利用他们的傻来达到自己的目的吧；二是从用人单位的角度看，觉得应届生更容易跳槽，稳定性太差。

除保险之外，我还干过一份底薪1100元的销售工作。虽然我也没有从中赚到多少钱，但最起码，我是靠做销售赚的钱还完了助学贷款、养活了自己，让我能够毫无后顾之忧地读书和写文章，并且，我还在没有拿父母和亲戚一分钱的情况下在昆山买了房子。所以，不要嫌弃初始工资低，初始工资低的，未必就不是好公司，也未必就不是好工作。

最后，我觉得找不到工作的人，要能够放得下身段。其实，如果你和我一样，迟迟找不到工作，你根本就没有身段可言，所以，不要把自己看得过高。不要看不起小公司，我之前所在的公司，包括老板在内，总共只有十一二个人而已，因为小，所以温馨，我们在一起，就像个家一样。站在员工或求职者的角度，我还想讲一句俗得不能再俗的话：不管是大公司还是小公司，只要能挣到钱，都是好公司。

我唯一的才能就是：认识到了自己的无能，并且还敢于正视自己的无能

经过了多次人生道路上的“试错”，很意外也很必然地，我在自媒体上火了起来。有朋友说：术业有专攻，你终于找到方向了。

然后，我感慨说：“其实，很多人一直都发现不了自己的专攻方向应该在哪里。我记得大一时跟同学聊天，室友说了一句‘每个人都有自己的强项’。我说：‘我咋觉得自己一点长处都没有呢。’他说：‘你还没有发现而已。’”是的，从大学的四年到毕业后的前三年里，我都没意识到自己究竟有何强项，我是一个彻头彻尾的自卑主义者（如果说高中时我是高分低能，那么到大学时就降格成了低分低能，这是一件多么悲惨的事情啊）。最近回想起室友那句话，结合自己过去几年走过的路，我觉得，室友简直就是个先知。

“你已经找到自己的强项了。”不过，我倒不认为我的写作能力如何强，也不认为因能写出几篇破文章有何值得自豪之处，因为我早发现，“散文随笔的写作者，并不需要什么额外突出的才华，只

要勤快一点就行了。我们所做的，只是那些更有能力的人不屑于做（或是未放在头等位置）的事情罢了。”对写作，我更愿意承认的是，我对之兴趣浓厚，并投入了极大的热情。我纠正朋友说：“其实，我唯一的强项应该是在心态方面，具体表现为：热忱、专注精神、敢于面对自己的无能。”

当年，在读过关于刘邦的历史后，我曾经总结道：“刘邦最大的才能，就在于他充分地认识到了自己的无能，并且敢于正视自己的无能。”（找到比自己更有才能的人，然后再充分授权。）

当然，我应对自己无能的策略，不可能跟刘邦一样。

我当然从来都不曾成功，并且也永远不可能有什么大的成就了，不过，这倒无所谓，我更感兴趣的是，一个极端无能而自卑的人，如何一步一个脚印地成长起来的。

先谈谈泡妞的问题。对屌丝来说，泡妞是个永恒的主题——我一直没有泡到过。

一名毕业于top2高校的兄弟给我分析过他自己为什么老是泡不到妞的原因，最终得出的答案是：“我的知识面太广了，啥都知道，大多数女人根本就没有办法跟我交流。”对此，我还进一步补充道：“女人的择偶方向是上行择偶，即认为你应该比她自己强一些。所以，跟你同一层次的女生，大都看不上你；而比你差一点的，你又看不上人家。因此，我认为你可以去死了。”当人家G同学正因为“知识面太广”而泡不到妞的时候，我却还因为没文化而被一位才女鄙视着呢——知识水平差距太大了，完全无法沟通。被女神鄙视，这是一件多么让人感到羞耻的事情啊。幸好，这份耻辱，同时也让我警醒了。自跟她永别之后，我就开始好好学习、天天向上。尽管现在的我，连当年的她也比不上，但至少，从纵向上看，与自己相比，我已经进步很多了，至少我现在还可以靠写作谋生。诚然，写作的首要好处是它带给了我好多乐趣，收入只是个无心插柳的副产品而已。从横向上比较，当年因为知识面太广而泡不到妞的G同学，差不多也已经成为我的粉丝了。

回顾自己这几年的变化，真是感慨万千，才女同学让我意识到自己的无能，功莫大焉。现在，再回忆起当初的自卑感，我满是温馨和幸福，而无丝毫的痛苦。

前几天，一个高中同学跟我聊天。他现在是我们庆阳市市政府办公室的公务员，主要任务就是写稿子，但因为不学无术，不会写稿子，他问我怎样才能让自己变得有思想？我说："这个目标，有点高。你的主要问题是，太浮躁了，超过500字的文章你都没有耐心读下去。"他完全认同。我说："其实，关键在于你没有读书的动力，而你之所以没有读书的动力，原因又在于你没有泡妞的压力。我总是被女人鄙视没文化，所以，从来不敢掉以轻心。虽然从来没有追到手过，但是她们推荐的书，我一直读得特别认真。这两年，经单恋对象推荐读的经典著作，至少有十五本。所以，你要树立高目标，追求一个文化水平比你高又看不上你的女人，去为之奋斗吧。如果成功了，自然好；即使失败了，女人没有泡到手，你的文化素质却提高了，这样，对付下一个女人就容易得多了。"

换个严肃一点的话题。我之前在一家公司做销售的时候，经常需要搬运整箱整箱的货，但我仗着自己比较得宠，常常拈轻怕重，遇到大件时，就说："我力气小，这个我搬不动，换个人吧。"其实也不完全是搬不动，但六七十斤以上的货，让我这种小身板来抱，确实有点吃力。然后，有个人就说："你连一箱子货都搬不起，以后，估计是娶个老婆都抱不动。"呜呼，士可杀不可辱！我听了这话后虽然是面不改色，但内心里还是无比恐慌的。（当然，我后来再思考了一下，这位前同事从我抱不动一箱货就推断出我抱不动老婆，这个逻辑和结论是完全站不住脚的：1.货箱的体型跟老婆的体型是完全不一样的，前者是长方体而后者是细长型，所以，受力点不一样。假如老婆的重量跟一箱货的重量一样，抱起老婆要比抱起一箱货容易得多。2.这话忽略了人的感情因素，即假如货箱的形状跟老婆的体型差不多、重量也一样，也必然是抱起老婆要比抱起一箱子货要容易得多，因为，通常你总是爱你老婆胜过爱那一箱子货。3.由上一条的"感情影响抱起来的难度"进一步推演，我可能抱60斤的货箱会觉得吃力，但抱120斤的老婆丝毫不觉得费劲。4.目前，我尚无老婆，未来也应该不会有老婆，如果有老婆，应该是重量很轻的充气娃娃，所以，抱起来没有任何难度。）

"连老婆都抱不动"，这个咒语，简直比一切恐怖主义还恐怖啊。工作这几年，确实没有什么运动量，尽管我晚上基本能坚持跑步，但跑步充其量只能帮助我在未来被老婆打的时候及时逃跑，却不能对我如愿以偿地把老婆抱起来有任何贡献。于是乎，从受到诅咒的当晚起，我就开始练习做俯卧撑了——为了“能够顺利地把老婆抱起来”这一初级目标而努力奋斗。因为好久没活动过了，刚开始的几天，居然只能做七八个，可见离开学校后这几年体能下降之严重，但我并不气馁，不断坚持，从八个增加到十个直到五十个……尽管还很差，但至少与当初的一次只能做七八个相比，我已经进步很快了。（作为一个无能的人，我深深地懂得，如果横向比较——跟别人比，很容易让自己的信心受到挫伤，所以，我一贯用的是纵向比较，因为这种比较法，总会让你看到一个好的趋势，让你对自己的未来充满信心。）去年，有次洗完澡一照镜子，突然发现自己的身材竟然是前凸后翘型，不过，前凸的很不是地方，是小肚子。现在再照镜子，前凸的部位开始上移了，并且，如果稍微挤一下，竟然还可以挤出“乳沟”来，可见这十个月做俯卧撑，成效显著。现在每晚做俯卧撑结束之后，还会在沙发上做仰卧起坐，我相信，只要再坚持半年，小肚子就下去了，这样，“前凸后翘”的质量就进一步提高了。当然，持续锻炼的意义并不在于乳沟，而在于让人一直保持一种比较好的精神状态。同时，我一直明白，首要目标应该是打破“连老婆都抱不动”的耻辱，而不是在自己身上挤出“乳沟”。

回想起自己过去几年经历的种种变化，我初步得出一个结论：一个人不管多么无能，只要你还在努力，还有做事情的动力和热忱，都不必过早地对自己悲观和绝望。只要你踏踏实实、一步一个脚印地走，成长，总会回报给你超出预期的惊喜。

平时，跟我不熟悉或者不太熟悉的人，在谈起对我的印象时，会认为“这个人文章写得挺好的”。但是，每一个跟我最熟悉的人，不管ta是高富帅还是屌丝，是女神还是白富美，是年长的还是年少的，是曾经抛弃我的还是我正打算申请让其考察我的，几乎都一致认为，我的核心竞争力，根本不在于所谓的“有思想”上面。因为他们中的大多数人，至少在文化层次和知识水平上都和我旗鼓相当，甚至，有个别人，还远在我之上，所以我在他们眼里，根本就不是某些人所调侃的什么才子，他们也根本就不大会关注我的所谓“思想”。我的某些所谓“思想”，他们可能根本就不屑一顾，在他们眼里，我身上最大的亮点，应该在于良好的精神状态，他们都一致认为，我是个极其可爱的人。记得当年，有一段时间，猴哥每天在宿舍给猴嫂打电话的时候，都要先把我当天出了什么洋相、有什么滑稽点汇报一下。猴哥说我是他的开心果，俨然我就像他跟猴嫂俩人的两三岁的孩子一样。前一段时间，一个大学同学在把我介绍给她老公的时候说：“这是我见过的唯一一个彻头彻尾理想主义、并且敢于付诸实践的人。”是否“唯一”我不清楚，但后面的十几个字，我表示受之无愧。更早一些时候，一位才女童鞋说，有时候，我的某些观点，真是让她嗤之以鼻，但听到这个评价后，我非但丝毫没有失落、没有生气，反倒忍不住笑了几分钟，而且还有几分欣喜和感动——一个人在对你的某些观点“嗤之以鼻”的情况下，还能仍然认为你是一个可爱的有意思的人，一如既往地理解你、欣赏你、鼓励你、支持你，这难道不是一件很让人幸福和感激的事情吗？尽管被嗤之以鼻，却仍能获得尊重，这是瑕不掩瑜——瑕，就是那些破文章；玉，就是这个人的精神气质本身。（我一直说自己是“败絮其外、金玉其中”，现在看来，我简直是太能够正确地认识自己了。）

百家讲坛上康震讲《唐宋八大家之苏轼》的第十八集，里面引用了秦观的一段话：“苏氏之道，最深于性命自得之际；其次则器足以任重，识足以致远；至于议论文章，乃其与世周旋，至粗者也。阁下论苏轼，而其说止于文章，意欲尊苏轼，适卑之耳。”这是秦观写给另外一个人的，那个人对苏轼的评价很高，说苏轼文章写得如何如何好，秦观对他说：你完全搞错了，苏轼，最为要紧的，是他的性命自得之际。苏轼之为苏轼的最核心的部分，首先就是他的性情——自己的性情得了自在，这是他最要命的地方；其次，他这个人呢，有见识，足以担当大任；最后，才是文章，他的文章，只不过是用来和这个世俗世界周旋的，这是最末等的。你现在说他文章写得是最好的，看上去是在捧他，实际上是在贬他。秦观评价苏轼的话，除第二点“器足以任重，识足以致远”不适合我之外，第一点和第三点，用在我身上也完全贴切。

啰唆了这么多，只因为一下子回忆起了这么多的经历、这么多关心过我的人，无比温馨，就收不住笔了。也不知该如何结尾，就这样仓促结束吧。我该去做俯卧撑和仰卧起坐了。

谁都没有资格说你“不适合”

一个在建筑行业做工程师的朋友问我：“你觉得如果我去做销售的话，适合吗？”我很清楚他为什么提这个问题，他是个浑身上下充满了书生气的人，而在通常，人们总是认为书生气太足的人不适合做销售。我也很清楚他为什么是问我而不是问别人——我跟他一样，也是个书生气十足的人，并且还跟他一样内向，而我曾做过四年销售，所以似乎我比任何人都更有资格来回答他的疑问。

简单地用yes或no来回答这么诚恳而严肃的一个问题，是很浅薄的，也是一种智力上的懒惰，所以，我没敢采用这种方式。我对他说：“当年，我选择去做销售的时候，我身边几乎所有的同学和朋友都说我不适合，但我最终却在这个领域里存活下来了。我们公司，在我之后，还招过几个销售员，从性格和外表上看，个个都显得比我阳光得多，看起来都比我更加适合做销售，但都被淘汰了。”

2009年4月底，我在尚未找到新工作的情况下，果断决定裸辞，离开制造业，唯一的目标岗位就是销售。印象中，在我决定转做销售的时候，身边的朋友中，只有两个死党是支持我的，其他人则都是善意地提醒我：你不适合。

当然，我其实非常清楚他们为什么会对我说“你不适合”——我还是很有自知之明的。我“不适合做销售”的原因有以下几点：（1）性格内向；（2）人太老实；（3）我不尊重“人情世故”，不抽烟、不喝酒，并且还“自命清高”。关于第一点，我不想为自己的内向辩解，我只想说，像李彦宏和张朝阳这样内向型的人，如果不是处在那个位置上，几乎所有人都会认为他们不适合经营一家大公司的。关于第二点，我想说的是，我的一个经销商，是专门做富士康的，他明知道我卖给他的价格比同行高得多，却还是愿意跟我合作，为什么呢？——“小苏，我觉得你这人比较老实，跟你合作，我不用担心你撬我的客户。”关于第三点，我想纠正的是，很多人，尤其是一些自认为掌握了销售本质的人，一直信奉一种理论，即销售的关键不是把产品卖出去，而是如何通过一些低级趣味的方式跟客户套近乎——竟然把一种本末倒置的庸见当作生存智慧，对此，我只能深深地感到悲哀了。

关于抽烟，有个题外话。刚做销售的时候，我曾尝试过妥协，还买了一包烟装在包里，准备给人发，但问题是，因为我自己没有抽烟的习惯，所以见了人就老想不到要发烟，结果是，过了一段时间，那盒烟在我包里被压碎了。我将压碎的烟扔进了垃圾桶，此后，就再没有买过烟。

再回到主题。既然连我身边的同学都认为我不适合做销售，那些阅人无数、有着惊人的洞察力的面试官，就更加能够以很高的效率将我淘汰了。辗转了一个多月，到2009年6月初，才终于有一家位于苏州工业园区的小贸易公司愿意接纳我，销售提成说是五个点，但不同行业的五个点意义是完全不同的，当时我对此是毫无概念的，根本就不知道它意味着什么，唯一清楚的就是底薪只有1000元。我是一个基础差、底子薄的人，既然底薪高的单位都不愿意接受我这个“不适合做销售的人”，那我也只能勉强地接受这个底薪低的公司了。最终决定在这边上班之前，我没有再继续纠缠待遇的问题，因为问了也没啥用，我只问了一个问题：我们公司所代理的产品，在行业中的地位怎么样？他说“在亚洲都是第一”。我回去在网上输入产品的牌子查了查，在业界影响力还不错，所以就来报到了。

当时是松了一口气，终于有机会进入销售领域了，尽管工资低了一点儿，但这只是暂时的。然而，直到两年之后，我才醒悟过来，并在向一个同事（老板的亲信）求证后得知，原来，两年前的招聘根本就只是一个形式、一个骗局而已。表面上看，招聘的程序很严格，煞有介事的，貌似是淘汰了很多“不适合做销售的人”，把我这个“适合的人”留下来了，实际上，根本就不是那么回事儿。我不断回忆起，第一天上班报到时要向经理出示身份证和毕业证的原件和复印件，当一个同事看到我的毕业证时很惊讶地问：“苏清涛，你是复旦大学毕业的？”这倒没什么，因为，很少有这样的“高才生”来这样的小公司应聘，所以，同事的惊讶实属正常。高潮在后面，我们经理，也就是“看过”我简历、打电话通知我来面试，并且亲自面试过我然后决定录用我的那个人，竟然也无比惊讶地问：“啊，清涛，你是复旦毕业的？”我靠，你不是看过我简历吗，怎么连这个都不知道。

当时，我稀里糊涂的，两年后才明白过来，他根本就没有怎么看简历，只看到电话号码就通知我来面试了。原因是当时公司才成立一年半时间，资金比较紧张，给员工开不出很高的底薪，导致有能力的人（或者是自认为有能力的人）都不愿意干，经理很清楚这一现状，也就不敢对应聘者有过高的期望。只要你是个人，只要你投简历给我，我就通知你过来面试；不管你的能力有多差，只要你能接受这么低的工资，我就录用你，反正底薪很低，即便是新招的员工试用不合格走了，对公司也没有多大损失。在这种招聘逻辑下，最后被录用的是两种人：（1）资深销售员，对自己的销售能力充满信心，靠提成吃饭的，不在乎底薪——我有一同事是这类；（2）能力“差得不能再差”“不适合做销售”的，其他单位都不愿意要，但他本人又能接受这边的低工资，愿意试一试的人——我本人就是这一类，跟我同一天进公司的一位同事也是这类（四年后，他的月收入也一万多元了，在镇江这么个小城市，年收入15万元，差不多相当于北上广的18万~20万元吧）。现在，事情的缘由很清楚了，我之所以能有机会改行成功，不是因为别人看中了我的潜质，而恰恰是因为我知道自己能力差，于是便定位清晰，期望值低，能够接受别人所不能接受的低薪水。

在面试的时候，我们经理对我说：“在我们这个行业做销售，要花半年到一年的时间才会出业绩。”这话，真是吓死我了。既然来之前所有人都说我不适合，那我也必须放低姿态，我便做好了前六个月一块钱业绩都没有的心理准备。我已经把自己的能力假定到最差了，因此，后面再有什么也不会让我失望了。结果，第二个月中旬，我拿到了第一张订单，虽然金额很小，只有395元，提成19.75元，却让我信心大增。（我一直认为，就第一单来说，390元与39000元的意义是一样的。）我知道，在常人眼里，我的这种信心大增未免太渺小、肤浅和可怜，但是对于我这样一个从一开始就被定性为“不适合做销售”的人，那有多么重大的意义啊。原来，我并没有自己当初所想象的那么差劲嘛。

对于刚入行的新销售员来说，信心比业绩还要重要，如果没有通过自欺建立起这种虚假的信心，我肯定早就将自己淘汰出局了（有好多人刚开始都比我能说会道，业绩也比我好点，但他们还是对自己没有信心，放弃了，为什么呢？因为他们没有像我这样欺骗过自己）。

收入很低，但我的精神状态却一直很好，充满干劲，晚上查客户资料能查到11点多。虽然刚开始的时候相当矬，连跟客户打个电话都结结巴巴吐字不清，但我一直是越挫越勇。不过，遗憾的是，干劲毕竟无法解决所有问题，我始终出不了业绩。那时，我这样想：不是说一年才能出成绩嘛，那么，我不管做得多差，只要老板不明确开除我，哪怕是已经暗示要我离开，我也赖着不走，在赖着不走的前提下努力干，我就不相信没有熬出来的那一天。（彼时，我刚刚读完李宗吾的《厚黑学》。大家都认为我是书呆子，连我自己也这样认为。可转念一想，我好像并不呆，如果真是书呆子，能够在看过《厚黑学》的一个月之后就用它来指导实践吗？）

前两个月，因为没有销售提成，所以工资只有1000元。这点微薄的工资，要拿出420元来还助学贷款，要吃饭，还要拿出320元交房租——当时蜗居在一个叫欧洲城的高档小区，一套毛坯房被拆成了七八个小间，连墙也没有粉，墙上和地上都贴的是壁纸。宿舍条件比较差，所以我晚上先在办公室上会儿网，回去得比较迟，回去之后翻翻《经济观察》就睡了，周末基本泡在独墅湖图书馆，因此，宿舍的简陋并没有对我的生活和学习造成什么影响。斯是陋室，唯吾德馨。

从第三个月起，我搬进了办公室住，过上了SOHO的生活，省去了房租。在第一年里，我的收入从来没有超过2000元，最高的一次好像是1600元还是1800元，记不清楚了。尽管收入那么低，但我从未拖欠过助学贷款，甚至在那一年里，我还有过几次大额开支：一个同学结婚，红包500元，再加上我回去参加婚礼的往返路费500元；一朋友的孩子满月红包300元；我弟弟买房子的时候，给了3000元；春节时还借给了一个高中同学2000元，他四个月后才还给我。到现在回想起来，我都很好奇，这些钱究竟是怎么来的。更要命的是，那一年，我始终没有感觉到自己的日子过得有多窘迫，甚至我的体重还增长了20多斤，红光满面，头发是油光可鉴。心宽体胖吧。或许，唯一的解释，用几个朋友的话来说，就是“你对物质的要求实在太低了”——“可以居无竹，可以食无肉”。（似乎，那一年，我写的文字比大学四年的还多，读的书也比大学前两年的总和多。）

从第二年起，业绩就增长得比较快了，主要是前一年太踏实了，基础比较扎实。月收入突破2000元之后，很快就突破了4000元。按大多数人的期望值，这当然是一个很低的工资，但对我来说，这已经足够了，够我花了。2011年年底结算时发现，除去生活开支和还给银行的5000多元助学贷款外，净收入有4.5万元，简直是出乎意料；2012年年底结算时，全年的收入应该有7.8万元，也要比预料的高得多。我一直对收入增长这种东西，没有什么规划和期望，也根本就没有什么概念。按照大多数人对收入的追求来说，我的这点收入，根本就算不了什么，我不应该对此感到有多么知足。但问题是，对于我这样一个一直被认为“不适合做销售”的人而言，我感到很欣慰，因为，我毕竟已经在这样一个领域里存活下来了，而没有被淘汰出局。

当我见证过那些比我更加适合做销售的人，一个个因为没有业绩而离开，而偏偏是我这样一个“最无能的人”最终存活下来的时候，我便总结出了这么一句话：“很多人被淘汰，是因为心态不好，而不是能力问题。心态的适合，要比能力的适合更重要。很多人，是自己淘汰了自己，而不是公司淘汰了他。”对此，郭磊同学问我：什么心态？我说：急功近利、急于求成，志大才疏，期望值与自己的能力不匹配。最后，郭磊补充道：“心态，也是能力的一部分。”

我的这份工作，在月收入突破4000元之后，它的优越性逐渐凸显出来了——收入基本可以养活自己，更有吸引力的是，上班时间很自由，我常年处于“没人管”的自由状态。事实上，在月收入突破

3000元之后（从2010年9月开始），我就已经开始不努力工作了——从2011年年初开始，我上班的主要任务是看书写文章，次要任务才是维护客户。

我是一个“把写作当做性生活”的人，尽管有时候会有炒冷饭的嫌疑，但就跟自己的纵向比较而已，大多数时候，从事的都是创造性的工作，我很享受这个过程。而销售，做得时间长了，会感觉是在不停地重复，已经学不到新的东西了。这样一直在销售的岗位上耗下去，会越来越忙，我渐渐没时间看书和写作，纵使收入会不断地增长，心里也会很不踏实。所以，在第四年的春节后，我正式决定辞职，转行到媒体。（早在两年前，就有朋友介绍媒体的工作机会给我了，但被我婉拒了。我刚进公司的时候，穷得连电脑都买不起，我一直用公司的电脑看书和写作，等翅膀一硬就走，这太不厚道了吧？我不是说自己有多么高尚，但底线是，应该保证老板雇用我没有亏损——第一年，我没为公司创造出啥价值，老板付给我的底薪都算是倒贴的。因为过去两年多我的业绩还可以，形势已经从老板养活我转变为我养活老板了，所以，现在辞职，就没有多少心理负担了。）

到2013年6月，我接到四川报业《廉政瞭望》杂志总编的电话，推荐我去《新城乡》杂志社试用一阵子。他在电话里对我是这样说的：“你来参加过我们《廉政瞭望》的面试，尽管未能被录取，但你那天面试时说的最后几句话，确实打动了我，看得出你离开现在公司的愿望是很强烈的。我们集团新办的另一部杂志《新城乡》比较缺人，我把你的情况跟领导说了一下，建议你去试试。”哇呀，在我刚刚绝望的时候，柳暗花明又一村。

之前，在《廉政瞭望》面试的自我介绍环节，我首先是老老实实地把自己的劣势全部摆出来："在今天来面试的人中，我应该是年龄最大的一个，也可能是唯一一个既没有媒体工作经验又专业不对口的，从销售转到媒体，算是半路出家。"然后，我又话锋一转："但是，我最近通过马克·吐温、欧·亨利、王小波、黄仁宇等人的经历，总结出一个规律：在很多领域，尤其是在文学艺术思想领域里，半路出家的人，要比那些科班出身的人更加有可能取得出色的成就——不是绝对数字，而是比率。譬如，科班出身者十个人里面只有三个人能混出个模样，而半路出家的，十个人里面则可能有五六个人都混得不错。"看着他们脸上惊讶的表情，我知道自己的谬论引起了他们的兴趣，于是便接着补充道："这看似奇怪，实则在逻辑上很容易解释。一个人科班出身去干一份差事，大都是出于本能和习惯，是为了混口饭吃，与爱好志趣关系不大，所以不会怎么投入。而当一个人选择半路出家去做一件事情的时候，他要么是兴趣浓厚、破釜沉舟自断后路，要么是其他路都走不通，因此会格外投入，既然已经不存在备胎项了，当然能在这个新领域投入极大热情并取得成就了。"就这样，我硬是通过玩弄逻辑，将自己的劣势给说成优势了。面试结束离开的时候，我还特意问了总编一句："假如这次不能被录取，以后，我可否来这边实习？现在，我在江苏那边还有点事情，等处理完后，我会辞掉工作，找一个媒体，全职实习，就是不要工资，纯粹学习几个月。"这位总编后来说我在面试时打动过他，就是指这句话。这既是我在面试那天提前准备好的一套说辞，也是我的真实想法。

可以说，当这家政经类杂志社给我试用机会的时候，我的内心很复杂，一方面是终于如愿以偿，很兴奋；另一方面我还是有自知之明的——我根本就不擅长这个，没有一点底子，肯定是无法胜任的。所以，我是左右为难：食之，不得下咽；弃之，可惜了。

当我明知自己对下一份工作无法胜任的时候，我没有逃避，而是果断勇敢往前冲。在跟一个朋友说这个决定的时候，我就提到要明知其不可为而为之，赶鸭子上架（靠，竟然把自己比作鸭子），从零开始学起。我知道，这个试用期将会过得很吃力，但是，真正有几个人是在试用期就因能力不够而被淘汰了呢？试用期就被淘汰的，一部分人是因为工作态度不端正，另一部分人则是心态不好，公司尚未决定要不要他，他自己先把自己给淘汰了。这两种失败，都与我无缘。

关于“不能胜任”，还可以有另外一种解释：当你太热爱一项事业的时候，往往会把它看得过于神秘和神圣，把它的难度夸大，所以才会认为自己无法胜任。这就如同，当你深深地爱上一个人的时候，往往会觉得我配不上对方，事实上，这个时候极有可能，对方也觉得配不上你，如果是两情相悦，结果便是你们两个人同时在对方面前感到自惭形秽。

当你很喜欢一份工作，却认为自己不能胜任的时候，该怎么办？参考答案如下：当你爱上一个人，却认为自己配不上她的时候，该怎么办？是大胆表白还是退缩？表白了，可能会后悔；但不表白的话，势必会终身遗憾。

有些事情，你不试着去做，永远都不会具备那个能力；认真去做了，能力慢慢就有了。

输在起跑线上，又怎么了？

跟俞敏洪等大佬在演讲时喜欢“炫耀自卑”一样，我在向别人吹牛时，也常常得意于“我虽然输在起跑线上了，却没有输在中点上，将来还会赢在终点上”。

有一次，一朋友问我：“你每天晚上竟然能跑10.8公里！你怎么会有动力那么拼命地跑步健身？”

前段时间得知，我40多岁的老舅竟然也跑马拉松，这让我这矬人情何以堪啊。我也要坚持，尽管出不了成绩，但至少也该跑个半程马拉松，来洗刷一下当年体育课老是不及格的耻辱。后来，我又想，那些在当年令我非常崇拜的运动健将，也许有不少人已经退出这个行当了，这样，30岁的我，我的坚持，就更有其特殊意义了。

在高中时，老是为不会写作文而发愁，每次考语文，其他人都交卷了，监考老师还在等我一个人。我在2010年之后能坚持写作，固然主要是因为热忱，但另一方面，洗刷当年的耻辱感和自卑感也是一个很重要的动力。我拼了命地写啊写，到后来，不但把当年的不少偶像同学变成了我的粉丝，而且，还先后把两位高中语文老师及一位初中语文老师的老婆也变成了我的粉丝。

高考时根本就不敢报北大，但后来的粉丝中，有很多都是北大清华的，耶鲁、哈佛、斯坦福的也有不少，而且还有一位是中国人民大学的博导。这一发现，或多或少，弥补了我永远考不上名校的缺憾。

2013年，我从制造业转行进入媒体的第三个月，列的采访提纲得到了浙大经济学院某教授的表扬，“问题太有深度”。有一次，采访重庆社科院的一位老师，她看到采访提纲后主动打电话过来说，发现问题都不错，让我等会儿，过会儿有几个学生到，她希望我对她做电话采访的时候也能让学生们旁听一下。她还提前把我的提纲发给了学生看。

虽然，这些所谓的成绩都是微不足道的，但对我这样一个早就输在了起跑线上的人来说，这已经算得上是有点了不起了。

我老说自己输在了起跑线上，有证据吗？当然是有的：电影《中国合伙人》中有这样一个片段，王强问：“成东青，你最想去的地方是哪里？”成答：“天安门。”然后旁边的一群同学都笑了（那时，大多数人都想去美国）。相信很多观众看到这里也笑了吧，但我没有笑，小时候的我，也跟成东青一个样儿。小学时，我只听说过两所大学——庆阳师专和甘肃农业大学（前者是我们市里唯一的大学，后者是省城里的知名大学）；初中时，我心目中最好的学校就是军校（尽管叫不上名字），因为听说不用交学费……并且，我是直到上高二的时候才知道复旦原来在上海。

现在回头看，虽然输在了起跑线上，但我并没有输掉自己的人生。不管别人怎么看，但我自己认为，没有混得比那些起跑线比我高的人差多少。

很久很久之前，一位女子对我“明生情愫”，在跟我熟悉起来之后，她说：“我以前，在同龄人中是非常出类拔萃的，在高中时，作文经常被当作范文拿出来念，大学时，还做主持人，但到现在，发现自己是一点长处都没有了。你总说自己底子差，但我发现，你比我强多了。”除了作文经常被当作范文读这种小渣渣事，她也确实有过不少令绝大多数人都难以望其项背的记录：14岁就进入北大，18岁毕业，在家人不健康价值观的压力下以第一名的成绩考进深圳海关，但三个月后辞职，21岁开始创业。但就是这样牛逼的人，在听到她感叹自己“如今泯然众人矣”时，我却并没有将其解读为谦虚，我说：“你走的是方仲永路线，而我，走的是苏洵路线。”

听我这么一说，她当时虽然面前没有“案”可拍，却也是“叫绝”了。诚然，我说她是方仲永，是有点过分，她并没有那么差劲，但我说自己走苏洵路线，却并没有夸张。苏洵是从26岁时才开始读书，而我，也是在26岁时才开始认真读书。《蜗居》里，宋思明第一次见到海藻时说“26岁还没结婚，前途无量”，我在26岁时也没结婚，便把那当作一个前途无量的起点。

走苏洵路线以来的这几年，我在精神上和物质上都有所斩获。更重要的是，在提出这一论断之后，我便不再为自己以前输在了起跑线上而感到遗憾了。

人生就是一场长跑，如果你没有及时行乐的洒脱，硬要争强好胜的话，那你只要赢在终点上就行了，何必非得赢在起跑线上呢？就好比参加万米赛跑，你何必在乎在前面的两千米，是谁跑得最快、谁跑得最慢呢？搞运动的人都比我清楚，对短跑来说，速度最重要，但对长跑来说，耐力更重要。

关于耐力，我比较讨厌“奋斗”“努力”这么苦逼的词，我还是更喜欢用“热忱”“痴心”。热忱和痴心要持久，我觉得有一个前提就是，这个事情，你既要喜欢，也要比较擅长。

如果你在起跑线上输给了别人，只要你的耐力强，并且也“活得足够长”，还是能够赢在终点上的。

逃离北上广，在一定意义上，就等于逃离梦想

这几天，跟一个在中国人民大学读书的小朋友有一些交流。在我震惊于“你是如何在21年的时间里走完了我花了29年时间才走完的路”这个问题时，他提到自己课余时间参加过的一些活动，如706空间等多种青年文化空间。说是在这种平台里跟一群志同道合的朋友交流读书、电影、公共事件，效果会比一个人读书思考好得多，而且，人也始终处于一种兴奋的状态。

我当即表达了自己的羡慕嫉妒恨，这样的平台，在我所在的城市，当然也有，但确实太少了，而且参与者跟北京的青年教师、文化人、媒体人也不在同一个重量级上。这个朋友跟我讲，你要是到北京的话，肯定比现在活得更精彩，而且，进步也快得多。

听他这么一说，我想了很多，很复杂。一方面，我是从毕业初就逃离北上广的人，并自视为英明果断；另一方面，我其实也早就认识到，对于我这种不甘寂寞的人来说，最好的舞台就在北上广，尤其是北京。

前几年在江苏镇江的时候，堂堂的大港新区竟然没有一个图书馆，市区只有一个图书馆，藏书种类少不算，最让人难以忍受的是，有很多人把孩子带进图书馆，又吵又闹，还有不少人在图书馆里高声打电话。我不得不感慨，在很多方面，中小城市的人心智还是很不成熟，在公共素质方面也有待提高，尽管我自己也是乡下人出身，但此时还是忍不住要鄙视一下那些出现在图书馆里不遵守规则的乡下人。每个人当然都有权利进图书馆，但在进入城市的图书馆之后，就不应该再把自己当乡下人看了。我在经济更发达的昆山、苏州和上海的图书馆，就很少遇到这样的人。抛开收入不谈，仅仅在业余生活方面，不同层次的城市带给人的心理差距就已经很明显了。

2013年7月，当我在成都落脚后，有不少朋友问我为什么会去成都，而不在我更喜欢的苏州找份工作。我说："其实，在我内心里，最理想的生活城市就是苏州，但我在苏州找不到工作啊。"我在招聘网站上投简历的时候，突然发现，适合我的工作机会基本上都在北上广，最起码也是在省会城市。地级市里没有我中意的媒体单位，整个文化传媒产业的就业岗位，绝大多数都集中在北上广，而北京，又比上海和广州加起来的两倍还多！尽管我很清楚，像我这种缺乏赚钱能力的人，只能待在小城市，但为了找一份工作，必须要到北上广或一个省会城市。就这样，我阴错阳差地来到了成都。

最近，这位在北京的朋友劝我到北京来发展："小城市生活，更适合养老。你还年轻啊。"我对此表示强烈共鸣："对以后要在文化圈发展的人来说，我认为北京的确是全国最合适的地方，没有之一。

所以，对我的事业及业余生活来说，北京确实是最佳选择。”随后，我又补充了一句：“如果再年轻五六岁，我可能会毫无顾虑。但现在，如果在北上广，像我这种没有能力也没兴趣花太多心思去努力的人，真的可能永远单身了。”

他说：“你还是给自己的束缚太多了，不够勇敢。”我可是一直被不少朋友奉为“有勇气追求自己想过的生活”的典范啊，而今，仅仅因为不敢贸然去北京，就被一票否决掉了？我真是太委屈了。

无意间看到他主页上的学校栏填了普林斯顿，我好奇地问：“普林斯顿，是去交流过，还是下一步的目标？”他说是目标。“我就敢意淫普林斯顿，而你却不敢来北京。对我来说，北京可是精神家园啊！”为了不被人看扁，我只得申辩一下：“我倒也不是不敢来北京。之前还在北京面试过，后来觉得那个单位的工作性质比较适合兼职，所以就没有来。”

“逃离北上广，在某种意义上就等于逃离梦想，安于所谓的稳定。”我靠，这句话简直太有杀伤力了。我毫不犹豫地对这一说法做了反驳：“不是安于稳定，我是不想为物质所累。我不想把太多精力花费在谋生上面，这样，才有更多的闲暇来做自己感兴趣的事情。”但对“逃离北上广，在某种意义上就等于逃离梦想”这半句，我却无从反驳，因为，他说的其实很对。

“逃离北上广，在一定意义上就等于逃离梦想”，这让我想起任志强的一句话：“唐家岭的蚁族，你们觉得他们可怜，是弱者，但我觉得他们是强大的人，因为，他们有理想、有追求、有勇气。”大炮看问题果然与众不同。就像我2009年在苏州工业园区，花320元租房蜗居的时候，让我对蚁族现象有了更深刻的理解。自然，不是每个蚁族者都能成功，但他们大都对生活、对未来充满热情和希望，他们敢于放弃小城市相对安逸的生活，在北上广冒险，这样一种青春的热血和激情，难道不值得我们去敬重吗？

不能否认，蚁族中最终能够出人头地的毕竟是凤毛麟角，大多数人最终都成为了炮灰。但是，这些最终成为炮灰的人，难道就是弱者吗？我们应该学会为他们鼓掌。以成败论英雄，是庸众身上最愚蠢的特点之一。不少学者和媒体，常常给予蚁族一种同情，劝他们离开北上广，问题在于，每一个蚁族者真的都需要你那份同情吗？通常，人们都是以自己的喜好来揣度别人。自己因为不能拥有某个东西而痛苦，就容易认为别人没有拥有的话也痛苦，实际上，别人根本没有那方面的需要，至少说，那不是多么重要的需求。蚁族中，有一些人，是“可以居无竹、可以食无肉”、是“一箪食一瓢饮，人不堪其忧，回也不改其乐”的，至少，我自己就是这样的。我的身边，也有这样的朋友。

坚守在北上广的人，并不都是为了虚荣心。心中怀着梦想，就算蜗居也觉得不痛苦、不可怜。那些在蜗居中追求梦想的人，他们的幸福与不幸，跟房子没多大关系，而是与内心的坚定有关。只要有自己所爱的人在，有爱的事业和追求，有一批志同道合的朋友能常常聚在一起谈笑风生，这里就是他们的精神家园，他们能在这里找到心灵的归宿，能找到归属感。

在回应朋友怂恿我去北京的提议时，我答道："你应该知道的，我来成都也只是偶然，打算先把记者证拿到再说，如果下一步跳槽，当然希望去资源更丰富的地方了。能和你们一起加入706那样的圈子，正是我理想的生活状态。虽不能至，心向往之。你也清楚，像你和我这种有追求的人，即使在一个城市永远买不起房、结不起婚，也照样能生活得很充实。我其实没有太多担心过生活压力的问题。幸福感，并不取决于生活成本，不是说生活成本高就不幸福了；而是取决于才能发挥的程度，取决于在这个舞台上个人素质能不能得到提升。"

成长的过程，其实是一个将目标"渺小化""集中化"，将理想"平庸化""具象化"的过程，比如，我上初中、高中的时候，就是想当一个朱镕基一样的总理；到大学时期，理想变成了当个中纪委书记或者地方的纪委书记或检察长；三年前的理想，是当个有影响力的作家；现在的理想，就变成了在家带孩子了……逃离北上广的人，大都跟我一样，在经历过某种挫败感之后，渐渐变得更加务实了，更加脚踏实地了。逃离北上广的人，很多时候是为了不为物质所累，但实际上，当中的大多数人（当然也包括我自己），却是实实在在地被物质所累——仅仅一个生活成本，就把我们吓跑了。不排除有不少人在逃到二三线城市后，仍然在坚持理想顺便赚钱，不仅物质上很轻松，而且精神生活也很丰富、很充实，个人素质也在不断提升，这也是值得发扬的好现象。比较糟糕的现象是，他原来在北上广做着有竞争、有挑战、有创造性的事情，业余可以参加很多沙龙，但逃回到二三线城市之后，工作变成了机械重复，生活缩小为柴米油盐，娱乐除了麻将和扑克外便无其他。再过几年，万一还要跟以前的同学朋友聚会，却发现，在饭桌上，其他人的谈话，他很难插进去。

一个朋友大学毕业后在南京工作两年多，近期才转战到上海。“今年还在父母的催促下在南京买了房，供了两个月房贷就跑上海来了，不过房子约束不了我，我就当投资了。我知道自己不会想待在南京，既然一定会来上海就早点来了。特别做我们这行如果对自己技术有要求，一定要到竞争更激烈的平台。上海很适合，有大的平台和土壤。”这段话中，最能打动我的一句是“房子束缚不了我”。然后，我想起一个从南京跑到重庆的同学，也有类似的经历。后来又想到我自己，当我决定从江苏跑到成都的时候，有不少朋友惊问：“那你在江苏的房子怎么办？”我说，先考虑对新工作的适应问题，房子的事情，以后再想吧。以人为本的要义应该在于，房子要随着人走，而不是人被房子束缚了手脚，不敢挪窝；应该是房为人服务，而不是人为房服务。又想起任志强的一句话：“蚁族，并非都没有固定住所，很多蚁族，其实都有自己的固定住所，但他们不愿意在这个固定住所住啊。”如果下一步能到北京的话，我就要变成这样的蚁族了。

我的不少同学，多年来都在北上广，尽管工资不高，但一直没有离开。我曾经在心里默问：“还不赶快换个中小城市，老待在北京，你能买得起房子吗？”当然，我也知道，这个想法有点太庸俗、太低端，并且还低端得实在太不符合我的做人格调了，因此就没敢问。（如果我问了，他们必然会惊讶地问一声：“原来连你也会顾忌这种问题？”）现在，我确实想通了，那些没有房子并且在相当长的一段时期内也买不起房子，却还敢坚守在北上广的人，是真正强大的人，因为他们的追求并没有被房子压垮！像我这种一开始就因为害怕压力而离开上海，实际上可以用一个词概括：猥琐。不过，幸好，我也已经在进步了——认识到并承认自己的猥琐，是不猥琐的开始。

最后，祝每一个坚守在北上广的屌丝以及即将逃回北上广的屌丝都能实现自己的梦想。当然，绝大多数人可能都无法如愿以偿，但是，这也没关系，因为梦想或理想的价值，从来就不在于它最终能否实现，而在于它塑造了我们的人格，使我们的气质与众不同。《年轻时代》中的一句歌词，曾经被我引用过无数次：“所有欢笑泪水就是这样度过，那一段日子我永远记得；或许现在的我已经改变很多，至少我从未忘记那个做梦的我。”无论将来是梦圆还是梦碎，这句话应该都能直抵我们的灵魂深处吧！

大部分一个月挣两千的人要比挣一万的人感到幸福！

本文是由我与两个朋友的两段对话整理而成。

对话一

参与人：友人G，男，27岁，目前经营一家贸易公司，年收入30万元左右。

友人G：

政府老说要提升民众幸福感，我搞不清楚，幸福感应该是因人而异吧，政府怎么能帮助提升呢？

苏清涛：

即便是政府能够成功地控制CPI，成功地将房价降下来，成功地让无房的人买得起房，但还是有很多买得起房的人娶不到媳妇；即便是想娶媳妇的人都娶到了媳妇，却未必能过上幸福的生活，很有可能，他买房娶媳妇之后的幸福指数比买房之前还要低。

友人G：

我觉得，大部分一个月挣2000的人要比挣一万的人感到幸福。

苏清涛：

这句我严重同意。

我现在就感觉到，以前咱们在老家一年有半年都在吃咸菜的生活比现在幸福（不过，穷苦的生活在当时我们往往体会不到它的价值，多少还是有点痛苦感，幸福感主要是多年后回忆起来的感受）。

我的收入在我的同学当中是最低之一，但从交流中发现，我的痛苦指数似乎也是最低的。

友人G：

是的，我看到老家的人，很多人一个月只挣几百块的，反而日子过得也很好。

我出来工作这么多年，现在回忆起来最快乐的是在隆腾做生管那段日子（2002～2003年，月收入600元左右，每周工作7天）。

苏清涛：

因为我们在外面混过多年后眼界更开阔了，看得更多了，想要的也就更多了。比方说，你可能因为自己的一个朋友买了奔驰而自己买不起，就感到不幸福，但我们在老家的农民父母们，可能根本就不知道有奔驰、宝马这么个品牌的车，他们只要买个QQ就很满足了。从这个意义上说，乡村的低收入者确实比好多都市的高收入者幸福指数高。

此外，幸福指数在很大程度上还取决于我们能从真正的友谊中获得多少快乐。

一般来说，低收入者的人际关系比较单纯，低收入者的朋友往往是在共同的生活、工作和学习中自然而然认识的，根本就不用刻意去“交”，他们就已经成为朋友了。或者说即便是两个人的相识纯属偶然，但发现特别能谈得来，于是以同道为朋。也就是说，在低收入者所交往的人中，真朋友的比例高于假朋友。

高收入者，坚持“同利为朋”的价值观，人际关系网比较庞大，但他们的友谊绝大多数都不是自然而然形成的，因为他们的朋友主要是“结交”出来的。真朋友的比例很低，甚至可以说几乎没有。相当多的高收入者每天都在被他的不少“朋友”算计着，并且他自己也在算计着他的“朋友”。一个整天有着“害人之心”（当然，这个词用得太过分了，不过我确实想不出更恰当的词），并且还要时刻保持“不可无”的“防人之心”的人，真是累得够呛，不管收入多少，他的幸福指数怎么可能高呢？我前面说自己现在的幸福感比不上那些每年有半年吃咸菜、半年吃土豆的日子，也是因为我近年来偶尔也算计过别人。

此外，对那些由穷变富的高收入者而言，在他收入不断高速增长的过程中，好多原先的真朋友却逐渐疏远他了——或因自卑，或因嫉妒（其实，嫉妒与自卑原本可能就是同一回事）。当然，仍然会有一些心胸开阔的穷朋友并没有疏远这个相对于他们而言的富人，这个由穷变富的人比以前更加珍惜他与这些穷朋友们的友谊了，他绝不因得志而纵情傲物，他刻意低调，绝不在他的穷朋友们面前流露出丝毫的优越感，竭力避免伤害到对方的自尊心。当他这样谨小慎微千方百计地维护他们之间的友谊时，会逐渐意识到，他们之间的友谊很难再回到从前了。可以说，孤独感，往往是快速致富的一种代价。固然，一个真正灵魂充实、内心强大的人，是把孤独当作一种享受的，孤独乃是其幸福所必不可少的指标之一，不过对于大多数人而言，孤独感在一定程度上剥夺了他的幸福感。

之前，我曾经做过这样一个自我剖析："偶尔，会有人把我当'人脉'来'结交'，那么，我敢断定他必然不具备投资家的眼光，因为我一无意经商，二不适合做官，三不热衷于交际，向我投资，那回报率必定为0。当然，倘若谁只是无意间深入接触了我而非把我当作未来可能的人脉来积累，那他多半会感觉到，深处的灵魂需要我这样一个朋友。"毫无疑问，这个自我剖析也极大地提高了我的幸福感。

对话二

参与人：友人H，女，31岁，有5岁的小孩，两年前从事业单位辞职，开始经商，现在生意越来越红火。

友人H：

我现在很矛盾，当初辞职是想多陪陪女儿的。

现在倒好，反而比以前更忙了。压力又大，唉，有时候都顾不上了。

苏清涛：

“现在反倒比以前更忙”，我刚才正在打这几个字，你先打出来了。默契啊。

本来呢，父母为事业去奋斗主要还是为了孩子，结果却因为事业太忙而留给孩子的时间太少。这是事业心的异化——此时，手段与目标冲突了，表面上，要实现“为了孩子”这个目标必须依靠事业这个手段，而今这个手段耗费了你太多精力，对目标本身造成伤害。

在我们拼搏的过程中，很容易把手段当作目标，而最初的那个核心目标反而沦为次目标，甚或被淡忘。

所以，我觉得，人有的时候，事业心也不能太强。

友人H：

以前我在医院的时候比较闲，几乎天天带女儿在外面转悠。现在每天都很累，回到家就不想动，我女儿在家除了弹琴就只能自娱自乐。

苏清涛：

那你现在生意上可以不要特别努力啊，不要让自己太累啊。如果收入不比以前在医院时低，哪怕是一样的，你的辞职也并没有吃亏啊。

不过，我觉得你也不必为此对女儿有太多的歉疚感，毕竟，大多数年轻父母都很忙，不能专职陪孩子。不管怎么说，与大量留守儿童的父母比，你做得已经够好了（当然，我并不是说留守儿童的父母们不好，他们也是迫于无奈）。

友人H：

其实不怕你笑话，我不是担心生意不够好，我是担心生意越来越好，我连自己的时间也没有。

苏清涛：

再这么忙下去，你就跟国务院总理一样了。

不要事无巨细，事必躬亲啊。可以把有些事情委托给雇员去处理啊，把自己解放出来，然后你就可以自由地带着孩子去游山玩水了。

我最大的愿望就是以后能成为SOHO一族、自由职业者，比如媒体的自由撰稿人，这样就不用每天都去办公室了，在家里写稿子，也就有很充足的时间来带孩子了。

对话二中友人H的困惑，让我感到心酸，我想起马克思的一个观点：不仅工人是不自由的，而且资本家也是不自由的，因为资本家要受到资本运动规律的束缚。

有时候，过强的事业心可能是一条通往奴役之路。倘若我们在事业上取得了越来越大的成功，而幸福感却越来越少了，那这样的成功还有何意义呢？

或许，有人会辩解说现在之所以过分努力地工作是为了将来的幸福——必须得靠牺牲现在的幸福来争取将来的幸福。但是，我们凭什么就认为将来的幸福比现在的幸福更加重要呢？我们放弃了眼前唾手可得的，甚至已经到手的幸福，而去追求将来渺茫的所谓的幸福，这代价岂不是太大吗？

当然，我也承认，我们的这些努力在某种程度上在降低自己幸福指数的同时也可能间接地在客观上提高了别人的幸福指数，这确实是我们的一项了不起的成就，也是我们成功的价值之一。但是，我敢断定，对绝大多数理性的利己者而言，降低自己的幸福指数而去提高他人的幸福指数，这绝不是我们奋斗的初衷——多年前的我确实曾经有过如此高尚的念头，不过现在我早已经随波逐流了。

告诫自己的话：

如果你追求的是生活的幸福感，就不要去追求那些可能威胁到幸福的、世俗的，甚至是渺小的和平庸的成功；如果你认为功成名就、扬名万里比享受天伦之乐还重要，那就不要去哀叹自己对家人，尤其是对孩子的愧疚感，毕竟，成功还是有代价的，你在此处感到的缺憾，将在另一个地方得到补偿。

我眼中最幸福的事情：

一个人静静地发呆。

读有思想价值的书。

写出我自己喜欢、读者也喜欢的文章，能收到有价值的评论并与之交流。

被人高估我的所谓“才华”。

能被有才华的朋友欣赏。

与比较投缘的朋友无拘无束地聊天，并且朋友们觉得与我交谈是一件有意义的事情——如深夜与友人G聊天，瞌睡得不行了却还意犹未尽。

与心爱的女人在草坪上漫无边际、毫无主题、天马行空地乱扯。

明天与心爱的女孩约会，今晚失眠。

心爱的女孩抢我的剩饭。

亲手给孩子洗尿布。

——以上排名不分先后

最后，我引用周国平的一段话来结束本文：

“那个在无尽的道路上追求着的人迷茫了，那个在无路的荒原上寻觅着的人失落了。怪谁呢？谁叫他追求，谁叫他寻觅！无所追求和寻觅的人们，绝不会有迷茫感和失落感，他们活得明智而充实。”

毕业五到十年后，屌丝开始逆袭，而原先工作很稳定的人惨了

同一批同学，在刚毕业找工作的时候，彼此之间就已经开始拉开了差距。不过，这种孰强孰弱的格局，并不会一直持续下去的，在离开学校几年后，大家工作状况的强弱对比逐渐会发生一些变化。

第一类人，即从一开始就最牛的那帮人，在毕业五到十年后，他们仍然是最牛的，不过，这个时候，他们已经不再是“唯一的最牛”，而是成为“最牛的群体之一”了。这些人，在刚毕业的时候，他们进入了跨国公司、优质民营企业及市场化程度比较高的大型国企的重要部门，所从事的工作具有挑战性、创造性，个人能力得到了快速成长。多年来，他们很少跳槽，甚至根本就没有跳过槽，因为他们一开始的选择就是非常正确的，职业生涯做到了一步到位。这些人，在毕业五到十年后，或者混成了所在企业的高管，或者在羽翼丰满的时候自立门户，当上了大老板。

第二类人，即刚开始时最挫的那批人，五到十年后，他们中的相

当一部分，也跻身于牛人的行列。尽管刚开始他们确实混得很差，只能过着蚁族和蜗居的生活，但经过多年在社会最底层的摸爬滚打和千锤百炼，他们养成了吃苦耐劳的精神，抗挫折能力及“世事洞明、人情练达”的水平远远强于常人。并且，历经磨难的他们，还经历了比别人多数倍的事情，发现并利用了别人看不到的机会或别人因为畏惧困难而放弃了的机会。这批人几乎是一直被逼着不断进步，所以能够绝处逢生，成长速度比较快。这批挫人中的佼佼者，刚开始时，他们考不上公务员，进不了国企和事业单位，也进不了外企当个有较高收入的螺丝钉，基本上，没有一个比较好的“组织”愿意接纳他们。因此，在辗转多次之后，他们自己成为了自己的组织——起先，他们是自由职业者、个体户，在赚到了第一桶金之后，他们扩大再生产成为了民营企业主。

在这类人中，还有一些是“穷酸文人”，他们是潜在的学者、文学家、思想者和艺术家，他们耐得住清贫，所以，尽管一直穷困，却从来不曾潦倒。（最初创造“穷困潦倒”这个词的人，是智慧的，因为他看到了对大多数人来说，穷困必然导致潦倒。但使用“穷困潦倒”这个词的人，大多数都是愚蠢的，因为，他们总是不假思考地把一个人的精神状态跟其物质境况混为一谈。）他们从来没有想过要努力追求怎样的成功，甚至在内心里，连“成功”这样的字眼也让他们感到恶心。他们只是一直在静下心来做自己喜欢的事情，两耳不闻窗外噪声，一心一意倾听自己内心的声音。机会，总是喜欢光顾这些有热忱的人，终于，功夫不负“无心人”，这些“落魄才子”终究还是在自己喜欢的领域内取得了出色的成绩，精神与物质双丰收——这也算是个无心插柳的结局吧。

这些挫人，常常自卑而惶恐，他们原本压根儿就没敢奢望自己竟然能够屌丝逆袭。所谓逆袭，只是一个不经意间的结果而已。“生命是一种缘，你刻意追求的东西也许终生得不到，而你不曾期待的灿烂，反而会在你的淡泊从容中不期而至。”

第三类人，在刚一开始，他们也是相当厉害的人，厉害程度仅次于第一类人。他们在毕业前就找到了收入比较高也比较稳定的工作，每天按部就班地过着机械的、安稳的生活，但在毕业五到十年后，他们大都沦落到了“社会的最底层”。原因是生活方式实在太安稳、太单调了，以至于他们身上的进取心都在这温柔富贵乡里丧失殆尽，所以，他们很难发现和利用新的机会，而只会在一成不变的乏味生活中蹉跎岁月。等到想改变命运、选择一种新的生活方式的时候，却发现自己早已没有那个胆识和魄力了。

尽管，他们中的大多数人最终也买到了房子，有一部分人还买了相当不错的车，但总体上，他们的境况，却还不如第二类人：第二类人中的成功逆袭者，当然比第三类人的状况好。就连第二类人中的原地踏步者，其幸福指数也要比第三类人高一些——前者，过惯了苦日子，习惯了自己是“最差的”，心理素质比较好，所以面对最差的境况，他还能坦然处之；但后者，在经历过“从高富帅到屌丝”的落差后，必然极度郁闷，尤其是在发现一些“原先还不如我”的人如今竟然混得比自己强，他心里必然更加不平衡、不舒服。

这第三类人，在刚参加工作时，众人都羡慕他们，他们自己也是春风得意、信心满满。五到十年后，他们仍然是一些阅历不深的人羡慕嫉妒恨的对象，但是，内心的辛酸苦楚，却只有他们自己才知道。这个时候的他们，基本上是牢骚满腹却又颇感无奈，那份让一些“城外人”羡慕的工作，在他们自己眼中却是“弃之可惜，食之无味”。这些人，主要是垄断国企的普通职员、升迁无望的普通公务员、一些吃财政饭的事业单位的普通职员。这些人的心病在于，没有魄力去做自己喜欢的事情、追求自己想要的生活。当然，更严重的问题或许在于，当别人“生于忧患”的时候他们却早已“死于安乐”了，根本不知道自己想要的究竟是怎样的生活。根源在于，这些人早已经被“体制化”了：多年来，他们一直把生命浪费在最不美好的事情上面了，他们无法从自己所从事的工作中找到归属感，但又离不开它，因为在体制内待得久了，把青春和锐气都消磨尽了，一旦离开，可能就缺乏在体制外生存的能力了。

可以说，第三类人，从最初的牛人变为五到十年后的“处境最惨的人”，完全是遵循了“温水煮青蛙”的模式。相比之下，第二类人中的部分屌丝们之所以能够绝处逢生，其实是“开水煮青蛙”的机制在起作用。

当然，以上我谈到的这三种状况只是比较笼统的“从总体上讲”，不能排除一些个案是与此不同的。

本文对第二类人与第三类人命运轨迹的分析，主要是“毕业后五到十年”这个时间段，我相信，等十到二十年之后再去看，这个趋势会更加明显。无论是收入，还是阅历和见识的变化，都遵守这个规律。所以，那些刚开始找工作很不如意的应届毕业生们，请不要灰心。

逆袭尚未成功，屌丝仍需努力。

只有在自己的精神家园里才能找到真正的归属感

“这些围墙很有趣的，开始，你恨它们；接着，你适应了它们；时间久了，你开始离不开它们，那就是被体制化了。”这是电影《肖申克的救赎》的台词。

看这部电影时，最让我震撼、感兴趣的，倒不是安迪越狱时的惊险与刺激，而是那个资深囚犯瑞德的“世事洞明”与“人情练达”。瑞德已经在肖申克监狱里待了30多年了，变成了一个“老油条”，开头的那句话，就是出自瑞德之口。

一位名叫布鲁斯的囚犯获得假释，出人意料的是，他却不愿意出去；更加荒谬的是，布鲁斯竟然试图对其狱友海伍德行凶，原因竟是，“这是唯一可以使我继续留在这里的办法”！其他狱友都认为这家伙疯了，只有瑞德慢条斯理地说：“布鲁斯不是疯了，只是被体制化了。他在此已经有五十年了，海伍德，五十年！这是他唯一认识的地方，在这儿，他是一个重要的人物，一个有教养的人物；在外面，他什么都不是，只是一个假释出来的囚犯，申请张借书证都有困难！”果然不出所料，布鲁斯出狱之后无法适应外面的生活，最终，他上吊自杀了。更加可悲的是，瑞德尽管很有洞察力，尽管他能预见到被体制化的囚犯出狱之后的尴尬，他自己却也无法避免这样的尴尬——在出狱后有一段独白：“我不适应外面的生活，我在想怎样才能违反假释条例，这样他们就可以重新把我关进监狱里了。”幸好，安迪请他当业务上的助手，他才有了继续生活下去的勇气。

布鲁斯的遭遇，让我产生了这样一种邪恶的联想：他的遭遇，就如同一个人最初因被骗或者是被人胁迫去卖淫，后来，终于有好心人解救了他/她，还其一个自由身，但是，他/她却无法适应妓院之外的生活，最后又自己主动投奔妓院去了……

不自由的人天天在叫嚣着、呐喊着，他们呼唤自由，但等到终于自由了，他才发现，自己并不具备享有自由的能力。自由，只是对懂得享受它的人而言才有意义，对于一个充满奴性的、人格不健全的人（或因受迫害而患上斯德哥尔摩症的人）而言，你要真给了他自由，他就茫然不知所措了。

不管是布鲁斯还是瑞德，出狱后面临的最大困难，倒不是没有生活来源，而是身份认同上的尴尬——不知道自己是谁了，布鲁斯没有亲人朋友了，瑞德再也不是那个“带头大哥”了。随之而来的，是归属感的缺失，只有重新回到监狱里面，他们才可以找到那种“家的感觉”。乐嘉说过：“所谓归属感，就是你强烈地觉得你离不开它。”套用这个逻辑，布鲁斯和瑞德只有对监狱才有归属感，这种归属感，或多或少会让人感到悲哀、无奈、心酸。

刚在电影上听到瑞德那段关于“体制化”的高论时，我就联想到郑智化在1988年创作的歌《老幺的故事》。这首歌是以一个矿工的儿子的口吻写的，结局是矿难，作者为了写这首歌还专门与矿工一起生活了两个月。歌词的中间有这么几句：“命运是什么我不懂，都市才有我的梦——纠缠的房屋、单纯的心，坑里的宝藏不再有，为何我们不搬走？沉淀的激动，醉人的酒，阿爸的嘴角喃喃地说，这里才有老朋友。”梦想在都市里，脚步却在矿区里，矿区里已经无宝藏可开采，已经挣不到钱了，却还不愿搬走，因为这里才有老朋友。在梦想之地，无法被城市的主流所接纳，找不到归属感，只有继续留在矿区，才能从那些与他同病相怜的弱势群体工友们身上找到认同感和归属感。歌词的这一段，道出了所有农民工的心声。

如果说，1988年歌词中的“老幺”还很稚嫩的话，那么，到了90年代初，“我”就要成熟得多了——不再不切实际地说“都市才有我的梦”，而是《蜗牛的家》中的那句：“密密麻麻的高楼大厦，找不到我的家，在人来人往的拥挤街道，浪迹天涯；我身上背着重重的壳努力往上爬，却永永远远跟不上飞涨的房价。”这，就是当今数百数千万年轻人，尤其是从农村到大城市上大学的孩子们生存现状之真实写照！其实，买不起房，倒还不是最严重的问题，归属感的缺失，才是更加可怕的！于是，在1992年的《水手》中，作者又揭露了一个更为残酷的事实：“都市的柏油路太硬，踩不出足迹。”在都市里踩不出足迹，找不到归属感，生活成本又高，那怎么办？逃离北上广！到能踩得出足迹的地方去！到房价低一点儿的地方去！（我不知道，在郑智化写这首歌的年代，台湾有没有发生过“逃离台北高雄”的现象。）悲催的是，这两年，又出现了逃回北上广的现象，因为，这些大城市培养出来的人才，在小城市（甚至是自己的家乡），更加缺乏归属感！

与那些先是“北上广才有我的梦”然后再被迫“逃离北上广”最终又因为在老家拼爹拼不过别人以及无法适应三线城市的职场环境而“逃回北上广”的同龄人相比，我算是比较有先见之明的：尽管我是在上海读的大学，但我找工作的时候首先就排除了上海；与此同时，我一开始就毫不犹豫地否决了父母让我回老家考公务员的建议——按照我们庆阳市当时的政策，我这样的“名牌大学毕业生”，基本上是包分配，考试只不过是个形式而已。因此，我认为，不管是在上海还是老家，都不适合我，我都无法找到归属感。

我一开始就决定离开上海，避免了几年后逃离北上广的狼狈，并非因为我有多么英明或正确，我只不过是认识到了自己的无能而已——我压根儿就不是赚钱的料啊！当然，仅仅意识到自己的无能还不够，还必须有足够的勇气来承认和面对自己的无能。君不见，多少跟我一样不会赚钱的同龄人，都认为回老家去很没面子，他们挣扎在北上广的主要动机就是我要向别人证明我有这个能力？我觉得，不是赚钱的料并不丢人，装逼才丢人！无能并不可怕，明知自己无能却偏偏还要逞能才可怕、才脆弱！

不过，尽管我没有能力在北上广混下去，但我从一开始就认为老家的环境更加不适合我。譬如说，在我的老家，你去找政府相关部门办事情，他们是绝对的大爷，你不低声下气不送礼的话，几乎铁定是一拖再拖。而我后来接触到的一些苏州及昆山的公务员，素质则要高得多，至于他们是否廉洁我们暂且不论，基本的服务意识还是不错的。再就是，在毕业之前，我就考虑到一个问题：如果回老家工作的话，会很孤独的，儿时的玩伴已经多年不怎么联系了，现在彼此可能也没有共同语言了，你很难找到一个可以交流的人。亲人，再怎么关心你，也永远无法代替或弥补同龄人的友谊。这个时候，家乡，就是一个让你很有认同感却缺乏归属感的地方。

鉴于这样的考虑，我求职的第一站选择了昆山。到昆山人事局下属的人才市场办理户口和档案的托管手续，那里的工作人员办事效率出奇地高，他们竟然丝毫没有刁难我，不到两分钟就办完了。此外，我到昆山市公安局长江派出所的照相馆拍身份证照片，那照相馆门口赫然写着“不用敲门”几个大字，这可是公安局的照相馆啊，在我们老家那里，这是绝对不可想象的事情！全国范围内的图书馆免费开放，是从2011年年初才开始启动的，而昆山，早在2008年就免费了，连办理图书证的工本费也不收——之前，只收10元工本费。昆山真是个好地方。虽然，我不踢足球，但昆山的体育馆及足球场让我流连忘返；虽然，我在昆山也买不起房子，但我还是有归属感的。

2009年5月底到了苏州，从晓斌做的“经济适用菜”（这个“菜”字，是我发明的）中找到了归属感。具体分工是：我负责了产品设计、原料采购、订单处理、终端消费几个环节，晓斌负责的是工艺控制环节。

2010年7月，刚到镇江的时候，我没有归属感，很孤独。迫不得已，我更加认真地读书、写作、发呆。于是，我在《韩非子》《古文观止》《周国平人生哲思录》《王小波杂文集》《沉思录》《送你一颗子弹》里面找到了归属感，我在自己天马行空、纵横驰骋、胡乱扯淡的日记里找到了归属感，在自己发呆和沉思的过程中找到了归属感。至此我方才恍然大悟：真正的归属感，并不是归属于某个地方，甚至也不是归属于某几个人，而是投入极大的热情去做自己喜欢做的事情。我们都知道，有很多伟大的作品，都是在监狱里面写作或者酝酿的，固然，作者不能从监狱中找到归属感，但他们却在创作的过程中找到了归属感！一个人能不能找到归属感，并不完全取决于他身处怎样的外部环境，关键是取决于他有着怎样的内心世界。一个人只有在自己的精神家园里才能找到真正的归属感。我相信，一个真正内心强大、精神世界丰富的人，是可以随遇而安、四海为家的，不管走到哪里，他的灵魂都能找到栖息之地。

《肖申克的救赎》里面的布鲁斯，假如他在监狱时能被安迪培养出阅读的习惯，假如他出狱后能读一读《沉思录》，能写写日记，甚至可以穿越时空玩玩facebook，说不定，他可能从中找到一定的归属感，然后就不会自杀了呢。呵呵，谁知道呢？鱼非子，安知子之乐与不乐？

第五章

感情的理想主义实践

通常，女人在择偶的时候，很看重男人的“靠谱”“责任心”，可现实往往是，太靠谱的人，往往身上都缺少诗意的元素，甚至是都很无趣、不够浪漫。那些充满理想主义色彩、有点不靠谱的男人，更可爱一些，但女人选择这样的男人，往往是要承受风险的——因为，“文艺青年只对自己的情怀负责”。不过，没有情怀的活法，乃是对生命的辜负。

缺点，让人更有魅力、更可爱

有没有发现，一些成功人士在演讲的时候，特别喜欢提及自己在发迹之前的屌丝经历？甚至，过去曾经让他们屈辱过、自卑过的经历，到现在都变成了一种荣耀。更加奇怪的是，当你得知他们曾经出过的那些洋相时，非但没有轻看他们，反而对他们更加崇拜、更加喜欢了？

没错，是这样的。他们之所以敢炫耀自卑，就是摸准了听众的心理，他们知道，那些比较糟糕的经历，如今说出来，会为自己的形象加分。可是，为什么呢？耶鲁大学的一位心理学教授说：尽管与一般人相比，通常我们更喜欢能力强的人，但能力太强的人，那种在各个方面都很出色的人，会让我们感到威胁，他们让我们感到不自在，与他们的比较会让我们自惭形秽，所以，我们真正喜欢的，我们真正为之所吸引的，是偶尔也会犯错的有能力的人。这被称之为“出丑效应”。

我们对这些能力强的人的喜爱程度，会因为他们犯的小错、做的尴尬事或者失败的经历而增加。这点可以从某些公众人物的身上看出来，有些公众人物，在犯了小错之后会更受欢迎，他们曾经的失败经历，也会让他们显得更有魅力。1999年，克林顿在跟莱温斯基闹出绯闻事件之后，他在男性选民中的支持率非但没有下降，反而上升了。不少男人在知道丑闻之后，心里直呼："我靠，原来克林顿连莱温斯基这样的女人也喜欢啊，看来，他的品位跟我差不多嘛。"魅力十足的克林顿，犯了一次小错，却让他跟选民的距离拉近了，这大概是连他自己也始料未及的吧！

我们还常常发现，一些天才级别的人物，在基本的生活琐事方面都很白痴，甚至也很邋遢。（当然，因为人们经常持双重标准，所以邋遢这种行为发生在天才身上时，便改称为不修边幅了。）但我们在提到他们的白痴方面时，未必总是带着嘲笑的口吻，甚至这白痴和邋遢，非但无伤大雅、瑕不掩瑜，而且好像还提高了他们的魅力指数。

还有，一个很有才干、你非常钦佩的上司，突然间讲了几句不针对哪个特定个人的脏话，你是会鄙视他素质特别差，还是会突然感到很亲切？八成是后者吧。那个有魅力的上司，表露一点小缺点，就会显得很有亲和力，让你在内心惊讶"原来他也这样"。有不少聪明的上司，就故意通过偶尔讲几句脏话的方式跟下属套近乎。当然，这一招，只能偶尔用用，用得多了，就不灵了。

我向来只对那种"不食人间烟火"的人感兴趣，而不喜欢与很俗气的人打交道，我"自命清高"的美誉大概也是因此得来的吧。但有几次，当我发现自己心仪的姑娘偶尔也会俗气的时候，我竟然非但没有失落，反倒还有点惊喜的感觉——原本觉得她高不可攀，可远观而不可亵玩，但当发现原来她也有俗的一面时，我便窃喜：你一俗，咱们不就平等了吗，我不就更有机会了吗？当然，这不仅是我这个挫人的思维方式，另一方面，也是因为她连俗，也俗得那么可爱。

跟女友刚开始接触那阵子，有一次，我俩开“民主生活会”，互相批斗。她让我对她提意见，我说：“你这个人，最大的缺点就是从不无理取闹，让我感到一点儿都不过瘾！”结果，她跟我说：“你最大的缺点就是，太会谈恋爱了，太会哄人了，总是把话说得滴水不漏，让我找不到无理取闹的机会！”所以啊，太完美了也不好。

看上去全是优点的人，可敬，但不可爱。对一个出色的人来说，缺点是其优点的点缀，正是缺点才让他“有个人样儿”，显得更加可爱。对这些人来说，他们的优点，让他们的缺点得到宽恕，而缺点，又反过来让他们的优点更加耀眼，在他们身上，其缺点和优点构成一组奇妙的和弦。

当然，缺点让人可爱，只有那些出色的人才享有这种待遇；至于普通人，缺点就只会让你的处境雪上加霜了。

直到摆脱包办婚姻时，我才开始怀念原配的韵味

从离开学校到现在，几乎每个刚认识我并了解我的教育背景的人都会以无比诧异的口气问道：“我想不通你当初怎么会报考历史系？！”也不知他的所谓想不通只是无话找话呢还是真的想不通？但有一点很明显，这些“想不通”的、没文化的外行们几乎总是对我这样一个不幸读了历史学的“倒霉蛋”充满了同情，他们嘴里的“想不通”三个字总是那么地居高临下。

尽管他们很想不通我为什么会选择历史系，但我却很理解他们为什么想不通了——无外乎是学历史工作难找，“没钱途”呗，倘若我选择了个能赚钱的专业，譬如金融学，那没有人会想不通的。

你想不想得通，那只是你智力水平的问题，而并非我选择的道路有了问题。我选择走什么路，没有必要事先考虑你能否想得通——譬如说我爱上了一个平胸的才女，你却要来说三道四认为我不该喜欢她，那我必然要对你灵魂的浅薄表示同情和蔑视了。

无论如何，是历史系的教育塑造了我这颗自由而无用的灵魂，我

能具备“败絮其外，金玉其中”这种气质，真得感谢历史系的栽培。

不过，事实上，我当年根本就没有选择过历史系，我的高考第一志愿是金融学——不过我考分太低，与金融系门不当户不对，便被发配到冷门的历史系了。历史系的大部分同学都不是自己选择进来的，而是和我一样的“贼配军”。大一时，我是极端地没文化，丝毫没有意识到历史学的价值在哪里，我们班有几个同学的第一志愿就是历史学，我常常偷偷地骂他们脑子进水了！

大一时，我和好多同学都认为进入历史系是一种耻辱，面对经济学院、管理学院、法学院那些高分院系的同学我总有一种自卑感，唯有面对哲学系这样比我们更加冷门的专业的同学，我才能稍微感觉到一丝丝的尊严。在校外，几乎每个人在得知我是复旦的高才生时都会不由自主地竖起大拇指，但接着一问，历史系的，人家马上就摇头。

大一时，我们班大部分同学的主要奋斗目标就是转专业，甚至有一位原本以第一志愿进入历史系的同学也转走了，理由竟是为了避免被鄙视！我们与历史系的关系就好比包办婚姻，转系的目标就好比离婚的愿望。但是，最终成功实现与历史系“离婚”目标的人毕竟是少数，像我这样没离掉的人呢，唯有去羡慕嫉妒与祝福人家了。

与历史系“离婚”不成功的同学，又打起了另一主意——“外遇”，即兼修第二学位、第二专业……我连个外遇也没有搞到，但还是不死心，后来便跨专业考研。

大四上学期，也就是在复习备考法律硕士的那段时间里，我逐渐开始喜欢上了历史学。“包办婚姻”曾经给我带来很多痛苦，终于快要摆脱它了，我却突然间意识到原来原配竟是那么有韵味。

以前跟一个朋友谈起当年找工作时遭遇专业不对口的尴尬与艰辛时，她很认真地问到：“你后悔当初进入历史系吗？”我很严肃地回答：“历史学本来就不是我的自愿选择，因此谈不上后悔与否……不过，倘若再有一次重新选择专业的机会，我一定不会选择金融、管理学这种‘有用’的专业，而是选择哲学、历史学、经济学这些‘无用’的学科！”她很是纳闷这是为什么。我说：“有用的书，即帮助赚钱谋权的工具类书读起来总是枯燥乏味，而‘无用的书’常常充满趣味。我喜欢读经济学，但并不是当作赚钱的工具来读，而是当作人文类书读。”

哲学、历史学这些专业看似无用，但是，这无用中有大用——历史学、哲学素养如何，基本上决定了一个人的精神境界的高低和灵魂的深浅。历史学的素养不能保证你过上富贵的生活，却能保证你过得富足；历史学的素养不能保证你活得有多体面，却能让你成为受人尊敬的人。旁人我不说，就说我自己吧，根本就不是赚钱的料，我穷得连电脑都买不起，但我用手机写的博文照样有很多人转载，那么多无知少女对我一个“落魄才子”（事实上，我只是穷困而已，却从来不曾潦倒）充满了仰慕之情……现在，终于有媒体约稿了，但我依然是用手机写。

有时候我会想，自己与哪个历史人物比较像，当然不是秦皇汉武了，而是苏格拉底和颜回，共同点就是清心寡欲安贫乐道，“可以居无竹，可以食无肉”。我很喜欢孔子评价颜回的话，“一箪食，一瓢饮，在陋巷。人不堪其忧，回也不改其乐”，这也正是我所追求的一种境界。苏格拉底这种人，能从思想本身获得极大的快乐和满足，这正是我所羡慕的。我觉得，人活得快乐与否，与物质条件关系并不大，最重要的还是精神方面，关键是要有好的心态。我就对车丝毫不感兴趣，你把各种品牌的车放在一起，把logo拿去，我肯定分不清哪个是哪个，相反，我很享受在公交车上发呆的感觉。当然，尽管我自己对车毫无兴趣，却还是得努力赚钱给老婆买车。你可以认为女人喜欢名车那是因为虚荣心，但一个男人若真爱一个女人，他就有义务为了满足这个女人的虚荣心而奋斗。

倘若我高考“不幸”多考了几分，如愿以偿进入金融系，那我就与历史学这一人文学科无缘了，可能也就没有今天这样的好心态了，也没有一个读者粉丝了。有时我会想象自己从金融系毕业，进入证券公司或银行工作，尽管有很高的薪水，内在的精神生活却可能贫乏透顶，每天可能只知道哀叹炒股的亏损和房价太高，而灵魂的平庸对我来说简直是一场灾难……每每想到这些，我便为自己高考少考了几分而感到庆幸。这并不是吃不到葡萄才说葡萄酸，按照我的性格，酸葡萄，即便是我能吃到，它仍然是酸的……而只要葡萄是甜的，即使我吃不到，它仍然是甜的而不是酸的，即使大家都认为葡萄是酸的，但只要我认为它是甜的，那它的确就是甜的。

是的，短期来看，学历史对找工作确实没有多大作用。可是，难道大学就是个职业培训所吗？找个好工作就是上大学的唯一目标吗？大学教育、史学教育，带给我们的是一套思维方式，而不是直接有用的知识。

我认识的有些人在知道我是历史系毕业的后，显得很兴奋地说："我就非常喜欢历史。"说得跟真的似的，但那话套近乎的色彩太明显，你仔细一问才知道，原来他感兴趣的不过是历史剧，尤其是宫廷里的政治斗争和争风吃醋，充其量是喜欢历史书籍里面的故事而已……历史是由一系列故事构成的，但历史又不仅仅是故事。大学历史系的专业课程设置，除了那些"讲故事"的课，有大量是非故事性的课程，如《中国史学史》《西方史学史》《史学原典导读》《史学导论》等。这些课程，更注重让学生认识到史学的价值，为什么要研究历史，怎样研究历史，等等。外行的历史爱好者只读到了故事，而专业的历史学人则对故事做更深层次的解读，如果没有史学理论的支撑，那对故事本身的理解很难达到深度。

大学历史与中学历史教育有一个很大的区别，就是对文化艺术史、思想史的重视程度。我们读中学时，到了不同历史时期的文化、艺术、思想状况那些章节，老师通常都略过去了，因为那不是高考的内容——我们的高考主要还是停留在考故事的阶段；而在大学的历史学习中，文化史、思想史的重要性突然被拔高，故事只是骨架，而文化和思想则是灵魂。因此，大学里面好的历史老师都具备哲学家的气质。我自己也是这样，在历史系待了多年，没有学到多少历史故事，却逐渐被熏陶出了哲学家的气质。

参加工作之后，我常常在周末抽空去光顾苏州图书馆、昆山图书馆，主要看三类书：经济学、哲学、历史学。有一次在苏州图书馆读到韩昇老师的《苍茫隋唐路》，既有历史和哲学的深度，又具备文学家的华丽文采，很激动地向一位大学室友推荐——斯人当时正跟着韩老师读研究生呢，然后我们又深入交流了一阵子。在大学期间，我没读过多少历史书，没有认真与同学交流过专业的问题，但现在已经失去那个环境了觉得非常遗憾，非常怀念。

我常常想起吴景平老师在指导我们写学年论文的座谈会上提到他自己当年写博士论文（关于宋子文研究的）的时候居然在晚上梦见宋子文了，那场面是多么感人啊。钱文忠在百家讲坛上成名之后，不少校外的朋友常常问我有没有上过钱文忠的课，这些问题我简直不好意思回答，因为我不但没有听过钱文忠的课，而且根本就不知道钱文忠长什么样子。我是2008年还是2009年才在电视机荧幕上认识钱文忠的（我是2007年就从复旦历史系毕业的），我在学校的时候，不但不认识钱文忠，而且也不认识历史系那些大名鼎鼎的教授朱维铮、周振鹤、樊树志等等，可见作为历史系的学生，我是多么差劲啊！

我时常想如果有一次重新读大学的机会，我将怎样做？自然是潜伏在历史系的图书馆中了。阿根廷国家图书馆馆长说："如果有天堂，天堂一定是图书馆的样子。"我非常同意这句话，我甚至在想，倘若有朝一日我有钱了，即便是不再工作也能保证家人衣食无忧，那我一定会通过行贿的方式在某个图书馆谋一份差事（哪怕我放弃的工作月薪5万元而图书馆管理员的月薪只有1500元），借机补一补我在历史系欠的债。

当年轻的心态已成为奢侈品时，我们应该怎么办？

一位朋友感慨我心态比她年轻，尽管她也知道我的实际年龄比她大。我必须承认的是，从外表，尤其是从穿着打扮上看，我并不是一个很阳光的人，我的年轻，只能体现在心态上。某天中午，我无意间翻出了五年前的旧照片，一对比，发现自己苍老了许多，容颜不再，然而再对照一下刚上大学时做的心理测试，又感觉今天的自己心态比当年还年轻。

那么，年轻又是什么呢？郑智化在《年轻时代》里面有一句歌词："年轻时代，有一点天真，有一点呆。"也就是说，年轻的一个特征就是天真、傻气；而天真，就是不世故、不矫作、真实。可是，生存在复杂的大环境中，一个人若不善于伪装、不善于掩饰自己的缺点，便很容易被贴上"幼稚"的标签。天真的人往往是吃不开的，"单纯"早已成为一个十足的贬义词，老实人更是被社会主流价值观视为"软弱""无用""无能"。

我曾经是个考试高手，这可能意味着我的智商至少要略高于同龄人的平均水平，因此，我能较早地领悟到一些人生的真谛。我比大部分同龄人早熟（当然，早熟的代价是在相当长的一段时期内，我比大多数同龄人都活得累），长久以来，我做事更喜欢抢占道德上的制高点，我更擅长掩饰自己的虚伪和龌龊。我早就懂得，当你不愿意做一些本来就不合法或不合理的事情时，会有些“有胆量”的人来嘲笑你“太老实了”，于是，我偶尔也会故意做一点坏事来改变一下自己在大家心目中的老实人形象——我的心理是扭曲的。我早熟的“智慧”在于：我不仅懂得附庸风雅，更加懂得附庸低俗；我不仅懂得如何做一个道貌岸然的伪君子，更加懂得如何在跟龌龊的人相处的时候做一个伪小人以避免“劣币驱逐良币”的效应发生。这样一种扭曲的所谓“早熟”，其实是未老先衰，过早地摆脱了年轻时代。

经常听到一种说法，书把人给读傻了。很幸运，这一点在我身上算是应验了，我是通过读书才重新返回到傻×的年轻时代的。前些年，那个心理年龄偏老的我，内心是懦弱的，因为我一直没有足够的勇气做最真实的自己。直到我遇到了卢梭、周国平、亚当·斯密和王小波——这四位的作品最能打动我的地方就在于真实。这几位作家，对我最大的影响，不在于他们教会了我多少知识，甚至也不在于他们在何种程度上改变了我的思维方式，关键在于他们唤醒了我身上原本就存在的一些因子：卢梭的《忏悔录》，让我学会了正视自己灵魂中丑陋的一面；周国平的《自信与自卑》，让我开始坦然面对自己的自卑与老实，不再为之感到羞怯，我还学会了尝试从消极的事情中发现积极的一面；亚当·斯密的《道德情操论》，则让我认识到，对思想家而言，最重要的才华是单纯和真实，当你敢于直面或展示自己的内心世界的时候，你就有了所谓的智慧和洞察人性的能力；看王小波写给李银河的情书，觉得这家伙的可爱之处并不全在于他的天才，更加在于他竟然好意思把那些常人不敢表达的想法都给写出来，他竟然不怕那样写很猥琐很丢人。我心目中的他们，都是一群充满孩子气的老男人，我自己也在努力地朝着这个方向奋斗。

心态年轻的另一个重要特点就是充满活力和激情（包括但不局限于陈安之式的傻×“伪激情”）。当你能够投入极大的热情去做自己真正喜欢的事情，哪怕这件事情在别人看来是毫无意义、甚至是很幼稚很傻×的时候，你仍然能够坚持，那你就真正年轻了。我小侄子在10个月大的时候，学着站立，你若不正面盯着他看，他就不好好站。你要盯着他看，他就会努力地站，尽管每次站起来只能坚持不到十秒钟，但倒下后他稍微挣扎一下后又马上站起来给你看。要是有很多人围观，他就更兴奋，每次只要站起来他便张开两臂，似乎是在向观众说：“你们看，我没有依赖任何扶持哦。”我突然明白了，原来这厮的表现欲很强，你看，观众越多，他就越急着要证明自己的能力。小样，这个有什么好表现的，你大伯我也会站的，并且一次站几个小时都不成问题！我才不稀罕你那表演呢！我和我妈俩人带着他外出，一路上，这个稚嫩的声音在不停地练习着喊“爸爸”“妈妈”，尽管说了不知多少遍，他却乐此不疲，毫不厌倦，并且你要制止他不让他再叫，他就叫得更欢快了。从我们庆阳到成都，一路上20多个小时，这家伙除了想吃想喝的时候，就从来没有哭过。相反，他比我们的精力还充沛，他总是对陌生的世界充满好奇心，一旦看到窗外有什么新奇好玩的东西，他就立刻挥动起他那柔嫩的小爪子兴奋地指给我们看。其实，那些让他充满热情的东西，在成人眼里一点儿都不新鲜。小样，那么点小玩意儿，就能让你兴奋成那个样子？但是，我很羡慕他那种“没追求”，这就是年轻的好处啊！与孩子相处，能让我们对很多问题有更深刻的思考。虽然，我拿一个婴儿身上未脱的稚气举例来说明年轻的心态有点极端，但例歪理不歪，道理是不会错的。

年轻的激情所赖以生存的基础是什么呢？要有真正的兴趣，有目标，有理想。我常常从不少同龄人口里听到“没意思”“无聊”这样的口头禅，这都是因为没有自己真正感兴趣的事情。天津卫视的招聘求职类节目《非你莫属》中有一个公交迷刘晨，这个23岁的男孩，简直就是一个活地图——他对公交状况很感兴趣，能轻松地说出从北京的一个地方到另一个地方坐什么公交车、怎么转车；从国内的一个地方到另一个地方乘多少次列车，怎么转车。这个孩子，是那一期节目里面的抢手货，好多用人单位都很喜欢他的那种热忱和痴迷。公交状况这东西，在大多数人眼中都是“没意思”“无聊”的，但这个公交迷却能从这种探索中得到乐趣，这就是年轻！这就是激情！我对他表示无比崇拜，尽管我对公交状况并不感兴趣。公交迷的那种兴趣，最大的亮点在于它的无用——在通常情况下，它并不能用来赚钱，也就是说，把时间花在这样的兴趣上面，太奢侈了、太浪费了！但是，这种没有功利性的兴趣，不是更纯粹一些吗？所谓年轻，就是要有这种心态，做自己真正感兴趣的事情时，不要太关注其实用性。

“自由而无用的灵魂”，这才应该是年轻人的特征。在面对自己真正喜欢的事情时，年轻人应该有挥霍青春的勇气，而不必过分算计，不必老是评估把时间、精力和金钱花费在是否“太浪费”“太奢侈”上面。

年轻的特征就是喜欢异想天开、喜欢做梦，可是，有什么样的梦也很关键，周国平有句话：“人类如果只梦见金钱而从不梦见天堂，那即使梦想实现了，也只不过是一座铺满黄金的地狱。”年轻的特征，就是无知、无用，如果你总是把有用性看得比趣味性重要，把成就看得比快乐重要，那说明你已经老了。有时候，你越是把更多的精力都投入在“有用的”事情上面，你的烦恼便越多，毕竟，真正能带给我们快乐的还是那些“没用的事情”。

理想主义，这是年轻人的特征。一个人自从丧失理想主义情怀的那一刻起，他就不再年轻了，用世俗的标准说，他也就“成熟了”。所谓理想主义，就是即便梦想永远不能实现，仍然会孤注一掷为之拼搏。昨天晚上听哈佛《幸福课》，里面有一句：“不是实现目标让人幸福，而是拥有目标让人幸福。”然也。固然，通向理想的途径往往不尽如人意，而我们亦会为此受尽磨难，但是尽力去争取，理想主义者的结局悲壮而绝不可怜。在那种貌似坎坷的人生中，我们会结识到许多智者和君子，我们会见到许多旁人无法遇到的风景和奇迹。

此外，年轻人要想活得快乐，就不能庸人自扰，不能天天考虑买不起房这些问题。如果你天天都在为房子的问题发愁，哪儿来的时间做梦啊？尽管我比大多数人都穷，但我从未被房子的问题折磨得焦灼不安。一方面，这要归功于我一直单身，没有必要急着考虑它；另一方面，我下班后看会儿书，写会儿日记，跟朋友聊聊天，看看影片，这多爽、多忙碌啊，我哪儿来的心思考虑房子的问题啊？有一段时间，我爱上一个姑娘，然后打算关注一下房市。后来，她拒绝了我，我就再也没心思关注房市了——人都不会有了，我还要房子干吗？我的思维就是这么简单。或许有人会说："傻小子啊，这个姑娘不接受你，你先准备房子，也算是为下一个姑娘着想啊。"未雨绸缪，说得也对，可是，很多时候，未雨绸缪不过是杞人忧天、徒增烦恼而已。"下一个姑娘"不是还没有出现吗，我要为谁准备房子呢？即便是在那段没有房子的岁月里，我也从未担心会有哪个姑娘不愿意嫁给我是因为她嫌弃我没有房子。我从未有过这方面的顾虑，因此，我活得比大多数人都轻松，引用某个兄弟的话来说，是洒脱。我比较欣赏冯仑的一句话："坚持理想，顺便赚钱。"唯有如此，才不至于太劳累，或者太失落。

年轻的心态，对大多数生理上还年轻的人而言，已经成了一件奢侈品。个别孩子已经拥有了这种奢侈品，却常常被指责为太幼稚、不务实。当年轻的心态已经成为可望而不可即的奢侈品时，作为年轻人的我们应该怎么办？我觉得，最好能跟婴儿和儿童一起玩玩。我之所以喜欢小孩子，喜欢看深圳卫视的《饭没了秀》，不仅仅是因为他们可爱、好玩，还因为每一次我都能从他们身上学到很多东西。而这些东西，是我在成人的世界里学不到的。看看节目里面的那个"强子哥哥"，心理年龄明显要比其实际年龄更年轻，我真羡慕他。

"我不想我不想不想长大，长大后世界就没童话——"

为什么有的人学识渊博，却品味庸俗、趣味低下？

有朋友问我，如何看待动不动就被媒体爆料出来的官员戴名表事件。我想也没想就回复了一句：一个人对奢侈品的依赖程度，与其精神上的空虚程度成正比。

随后，朋友又嘲讽道："以后这些官员只能回到家之后再把名表拿出来戴上了。"哈哈，说得多妙啊。对大多数人，尤其是文化修养低的土鳖官员而言，戴名表就是为了给别人看的，可是，在家里戴，又能给谁看呢？

有一次，我一个军人出身的朋友在餐桌上充满激情地吹着其留任军队的战友如何动用公款在何等豪华的酒店宴请他们这些故旧，上的菜都多么高档、多么昂贵，对这种话题，我毫无兴趣，我已经不屑于发表任何评论了，便沉默着拿手机刷屏。可偏偏有个找骂的人说："清涛对这种事可能是另有看法的。"然后，他就说我是羡慕嫉妒恨，并嘲笑我迂腐："这么正常，你还有什么看不惯的？"

我就想起自己去年的一条微博："当一种不合理的现象已经被认

为很正常的时候，大多数正常人的正常脑子已经出问题了。精英在看待一件事情的时候，首先看的是它合理还是不合理，而庸人在看待一件事情时，首先看的是它正常还是不正常。”杰出的人总是试图改造社会，而平庸的人则想方设法来适应社会。固然，我非精英，也没有能力改造社会，但我最起码不会主动去适应，更加不会为自己适应社会的能力而感到光荣。我知道，他们又要挖苦我自命清高或假清高了，是啊，我太不对了，看来我得改掉自己的“假清高”，向他们的“真浊低”学习才是，我应该附庸低俗、应该做个伪小人才能吃得开一些。想到这里，我又忍不住冷笑了几声。看到他们还是没有理解我“傲慢”的原因所在，我便只好解释一下了：我所瞧不起的，并不只是糜烂和腐败本身，而是这些人精神上的空虚，是你们的这种荣辱观！

那些精神空虚的人，更加容易将奢华与面子挂钩，并将其视为一种至高无上的荣誉，为此感到自豪并沾沾自喜地告诉别人希望获得羡慕的眼神。可具有讽刺意味的是，一个人对面子的在乎程度，往往与他的不成功程度成正比。例如，地产大佬严介和曾说过：“我们这些干大事的人，从来就不在乎所谓的面子。”那些好面子的人，也是易于被嘲笑的人。柏杨说：“面子，是用傲慢来弥补自卑的。”我认为这句话不准确，自卑，怎么可能被弥补呢？应该改成“面子，是用傲慢和虚荣来掩盖自卑的”才更恰当一些吧？

一个人对物质享受的迷恋程度、对奢华糜烂生活的自豪感程度，与他精神上的空虚程度成正比。越是那些灵魂贫瘠的人，在他对生活的追求中、他的荣辱观中，物质类所占的比重越高。（注意，我说的是比重，而非绝对值。）最好的例子就是那些将面子寄托于巨额公款宴请上面的人——最值得鄙视的，不是奢华本身，而是那种暴露了缺陷的“荣誉感”。对这一类人而言，炫耀奢华，乃是他们精神生活的重要组成部分，因为他们活得实在太贫乏、太可怜了——他们没有真正的精神需求，离开了物质，他们便找不到存在感与认同感。诚然，精神生活丰富、思想境界很高的人，偶尔也会搞一把“奢侈生活”，但是，他们的这类物质性消费，只是因为自己喜欢，只是给自己看的，而不是要给别人看，他们绝不会将这些物质性的东西与身份挂钩，更加不会以此为荣。对这类人而言，物质就是物质，肉欲就是肉欲，它不管档次有多高，也与精神无关，他们不必从物质消费中去寻找所谓的归属感、存在感与认同感，因为他们的精神生活已经足够丰富。对杨局长、周久耕及郭美美这样的人来说，如果没有奢侈品来展示给别人看，他们会非常自卑、非常痛苦，但对于一个精神生活丰富的人而言，没有奢侈品，并不会影响他们的正常生活，并不会减少他们生活中的乐趣，物质上的匮乏也不会让他们产生“我不如别人”的屈辱感。据说苏格拉底到奢侈品店里逛了一回，感慨道：“我不需要的东西可真多啊！”

那么，何为精神生活？如何才能摆脱精神上的空虚？对此，可能有多种不同的说法，我也不能以简单的几句话说清我的看法，但大体上，我们可以这样理解：精神生活，就是毫无功利性地专注于自己喜欢的事情，就是即使做这件事不能给你带来任何金钱、社会地位、名声方面的好处，你也仍然愿意投入极大的热情去做它。但精神生活包括又不限于沉醉于文学、艺术、宗教、哲学之中，以及孜孜不倦地搞任何“无用的”学术。一个小孩子全神贯注地研究象棋或某个游戏中的一些诀窍，这就是精神生活。

在精神生活方面，最关键的是两点：好奇心、求知欲。好奇心与求知欲乃是一对孪生兄弟，如果光有好奇心而没有求知欲，那也好奇不出个啥来，充其量只是“伪好奇”而已；倘若没有好奇心，则根本就不可能有求知欲。

我们常常会发现有这样两种不可思议的情况：有的人智商很高，懂的也很多，总体知识水平相当高，可仍然追求庸俗、低下趣味，缺少正确的荣辱观，以错误为荣；还有的人，他们未必有多么聪明，既不渊也不博，知识水平算不上出类拔萃，或者是很一般，可他们志趣高雅，精神上纯洁可爱。这说明什么呢？一个人的精神生活质量，尽管与他的知识水平有一定的关系，但这两者之间并不存在必然的正比关系。事实上，决定一个人的精神生活质量的，是他求知的动机及其好奇心和求知欲的强烈程度，而不是其知识水平。简单地说，如果一个人求知的动机太过于功利化，则不管其知识水平有多高，也不能使他的精神境界得到同步的提升。不少官员学识渊博、富有诗书才情，还有相当多的官员精通书法，在这个大家都以电脑打字而不手写的年代，官员群体甚至有可能成为“中国书法艺术的最后拯救者”，可他们的精神境界却非但不与其学识水平成正比，反倒有可能低于社会平均水平。这就是由于他们求知的动机不纯造成的，求知目的与净化灵魂毫无瓜葛。此外，一个人如果过去在文学艺术哲学领域内下了好多功夫，积累了很多知识，而他现在志趣改变了，不再追求这些东西了，那么，即便是他的知识水平仍然很高，其精神生活的质量也照样可能是一团糟。相反，如果一个人尽管资质平凡，在文化方面的基础差、底子薄，但他的好奇心和求知欲特别强烈，他把那些非物质性的东西作为最重要的价值来追求，那么，即便是在努力了之后他的知识水平也不见得有多高，他的精神生活层次也算得上是比较高的。

故而，我们可以说，就一个人精神生活的层次而言，毫无功利性的求知欲，远比知识水平重要得多。持续不断的求知欲（非功利性），可以持续不断地净化人的灵魂；而一个知识总量很大却不再有精神方面追求的人，则仍然可能是一个庸俗不堪的家伙。这便是为什么我的某几个朋友，虽然学历和知识水平都不咋地，却还能成为我尊敬的对象甚或崇拜的偶像，这也是为什么某些官员一方面水平相当高，在记者招待会上的妙语连珠，总是能够赢得我们的顶礼膜拜，而在为官道德方面，却竞相攀比谁更不要脸并以缺德为荣——“劣币驱逐良币”只是次要原因，没有深入贯彻“八荣八耻”的精神才是真正的根源。

在私人社交方面，前些年，我总是对那些身怀绝技、学识渊博的人盲目崇拜，我也更愿意与这样高水平的人交往。不过，近几年，我越来越发现，有的人虽然见多识广、学富五车，但在离开学校之后他们就已经不怎么读书了，要读也是只读一些成功学或管理类的书，或是商业杂志，或是快餐小说。在私人聚会中，他们从来不讨论无用的“形而上”，要么是讨论各自的收入或做什么更赚钱，要么是谈论谁开什么车、谁在哪里买了房等。每到这个时候，我就在困惑：究竟是他这两年堕落了，还是他本性就如此，只是现在才找到了更适合他的环境呢？无论如何，我越来越想方设法逃避这些“高水平的人”的聚会邀请。相反，倒是有很多像我一样知识水平很一般、甚至比我还稍微差一点的人，他们身上有一种很强烈的好奇心和求知欲，并且求知的动机也不功利，跟他们交流时，他们喜欢提出自己在精神生活领域中的困惑与我讨论。我越来越喜欢与这一类人交朋友了，与他们交流，可以让我避开各种低级趣味，而去追求更有趣的东西。

在过去的几年里，“毫无功利性的求知欲，远比知识水平本身重要得多”这一思维方式，已经逐渐地影响到了我的爱情观和择偶观。前几年，我只喜欢特别有思想的女孩子；而现在，我则认为一个女孩子对思想的热爱程度、她的求知欲和上进心，远比她的思想水平更重要。她的真正可爱之处，并不在于她读过多少书、写过多少诗，也不在于她在琴棋书画方面的造诣有多高，而在于她对诗书的热情，在于她身上的诗情画意。她身上最令我迷恋的地方，并不在于她的思想水平有多高，不在于她与我的默契达到了不点自通的程度，甚至也不在于她给了我什么启发以及给我带来了多少创作灵感，而在于因为有这种强烈的求知欲的陶冶，不管所谓的世道人心如何，她的灵魂始终保持清澈——她的这种精神状态，给我造成了巨大的无形压力，我总是担心自己倘若一不小心堕落一点点，便会被她看轻。

不食人间烟火的女子，才是真正可爱的。也唯有不食人间烟火，才能不被社会上庸俗观念这个酱缸污染。

PS：

这篇文章所谈到的主旨，从某种意义上说，其实就是爱好跟特长的关系。特长，代表着你现在是怎么个样子，而爱好，代表着你想成为什么样子，特长，是现实；爱好，是理想，是一个人努力的方向。

有朋友问道："精神享乐比物质享乐更高贵，求知欲比名利欲更高贵似乎是不言自明的，可这是为什么呢？"其实，我觉得这里的两个"更高贵"，未必就是不言自明的。我们之所以认为它不言自明，乃是因为通常"孰更高贵"这个问题的话语权掌握在求知欲比较强、把精神追求放在第一位的人手里。那些名利欲更强、更看重物质追求的人，往往理论水平比较差，他们无法在理论上证明并让别人也认为他们的追求更高贵。

嫁给“不靠谱”的男人，是最伟大的理想主义实践

随手翻开马尔克斯的小说《百年孤独》，只看了两页，我就喜欢上第一个出场的男主人公何塞·阿尔卡蒂奥·布恩迪亚了——这家伙在从一个吉普赛人那里获得一个巨型放大镜之后，好奇心十足，竟然萌生了将这一发明应用于战争的想法；他以科学家的忘我精神全心投入战术实验，甚至不惜以身犯险，为了验证放大镜对敌军产生的效果，他竟然亲自站到阳光的焦点下，结果身体被灼伤后溃烂，很久才痊愈。

按照我们今天的某种流行观念，布恩迪亚这样的男人不务实、很不靠谱，但我却认为他很有激情、很可爱。与此类似的是，塞万提斯笔下的堂吉诃德几乎一直就是滑稽、疯子或傻×的代名词，但我自第一次读那本小说时就觉得堂吉诃德很可爱。当然，还有一种可能性，布恩迪亚和堂吉诃德这样的男人，当他们出现在文学影视作品中时，大多数人都会觉得他们很可爱，可是，一旦我们身边有一个亲人或朋

友就是这样的人，他多半会让我们感到很无语、很头疼。（庸众的一个特点是：当天才或英雄式的人物离我们很远时，我们崇拜他、仰望他，可是，当这些优秀的人物就出现在我们身边时，我们往往嘲笑他、指责他、同情他，总之，我们的“优越感”十足。）

堂吉诃德式的人物之所以被认为不务实、不靠谱，主要原因当然是他们都好高骛远、异想天开，太喜欢做梦并且还分不清梦想跟现实的区别。可是，喜欢做梦并把梦想付诸实践，哪怕想法只是个空中楼阁也忍不住去尝试，这不正好是一种英雄主义和浪漫主义的气质吗？一位朋友说，“从来不做梦的人接近于白痴”，说得太对了。如果没有痴人说梦，没有好高骛远，莱特兄弟就不会制造出飞机，诸葛亮也不会发明出木牛流马来；如果没有满脑子不靠谱的想法，就不会出现牟其中拿衬衣换飞机的奇迹，就不会涌现出“92派”企业家。可惜的是，庸人们往往没有能力读懂一个人的气质、思维方式和精神状态——庸人们是根据一件事情的结果来评价当事人的，这就意味着，假如莱特兄弟折腾了半辈子没有发明出飞机，假如牟其中拿衬衣换飞机的宏伟计划中途流产，他们将贻人笑柄，他们将从庸人们这里获得“不靠谱男青年”的“荣誉称号”。有很多孩子、很多青年，他们有梦想，有创造力，可他们的悲剧在于，在他们的身边，庸人们是遍地开花（这样的庸人，既可能是他们的父母、老师，也可能是他们的朋友、同事、上司），他们得不到理解，结果是，很多本来很有价值的设想，在其萌芽阶段便被压制、扼杀了。

某些人之所以被认为不务实、不靠谱，还有一个原因是，他们做的事情，在别人眼里是“没用的”。法拉第研究电磁感应现象时，有个“很务实”的中年妇女问：“你研究这些有什么用？”法拉第反问道：“刚出生的孩子有什么用？”以前，我有个同学在我的一篇日志下面问：“你整天写这些有什么用，能让人民生活水平有所提高吗？”我说：“那么，你对我做这样的批评和嘲讽有什么用，能让人民生活水平提高吗？”还有几个女读者不止两三次地说道：“你整天不停地说啊说，到底累不累啊？你应该去实干！”或“你既然这么有才，怎么不去考公务员呢？”

看吧，在这些人眼里，做自己感兴趣的事情是不务实的，做有用的事情才算务实；文艺青年是不靠谱的，只有去考公务员才算靠谱。自从我永远地打消了考公务员的念头那一刻起，自从我把自己塑造成一颗“自由而无用的灵魂”那一刻起，我就成为了一个不靠谱的文艺男青年。

有一次，我有个朋友看到某女在我文章下批评我不务实的留言后问我：“你跟这个×××熟不熟悉啊？我觉得可以发展一下，这样的女人旺夫啊。”我说：“不合我的口味，你要是希望‘被旺夫’的话，倒可以试试。”我没有什么上进心的，与其被这样的人“旺夫”，我还不如继续“胸无大志”下去呢。再说，我又不是你男人，你摆出一副“望夫成龙”的架势给谁看呢？有智慧的女人，大都不会望夫成龙的，因为旺夫成龙的结果，无非是赔了夫君又折兵。

“子”曾经曰过，“对一个女人来说，嫁给文艺男青年是最大的理想主义实践。”强烈同意。不过，我相信这里的“文艺男青年”，应该特指那些“不靠谱的文艺男青年”“不成功的文艺男青年”“非潜力股”吧，最起码，文艺明星或畅销书作家，不应包括在内。以老夫之见，还是有很多女青年喜欢我等“不靠谱文艺男青年”的，但是，丈母娘们就未必买账了。既然我已经清醒地认识到自己是个不靠谱的文艺青年，那么，套用“子”的那句话，如果有姑娘喜欢我，并且是真的喜欢、而不是把我当作潜力股来投资，那她一定是个理想主义者。相反，如果一个女人总是指责我“你整天说这些有什么用”，那她一定是个现实主义者、甚至庸俗得可怕。

作家吴淡如有个观点：“你是谁，便遇见谁。”对此，我深以为然。作为一个不靠谱的文艺男青年，那些与我交情比较深的朋友，也常常被他们身边的人认为不靠谱。对此，我的看法是：“为什么非得靠谱呢？靠谱的标准，应该是由你身边的那些人来决定吗？你自己活得充实活得精彩就够了，为什么要去理睬他们的标准？”如果有人竟然勇气十足地去制定一个衡量别人是否靠谱的标准，并且还拿着这个自以为是的标准去评判别人，他要么是非常牛逼、非常有魄力，要么就是非常掂量不清自己。

人活着，不就是要多经历些事情，多体验一些有趣的东西吗？从这个意义上来说，一个不务实不靠谱的人，他的人生可能会更加波澜壮阔、色彩斑斓，更加精彩；相反，一种太靠谱的人生，也许是平庸的、乏味的。

不靠谱的人，往往都不务正业。不务正业，往往被作为贬义词使用，似乎还真是这么个理儿，不过，能有幸在正业中活得丰富多彩的人毕竟是极少数，对大多数人而言，波澜壮阔、色彩斑斓的人生，往往是在不务正业的过程中实现的。因此，对常人而言，倘若他只知道务正业，从来没有务过“旁门左道”，那他肯定误了人生，最起码，是缺少向别人吹牛的资本。固然，人生的意义不在于吹牛，但偶尔吹吹牛还是很有必要的。

“不靠谱”的人（男女都一样），往往是很好的恋爱对象，但基本上不是好的结婚对象。当然，这也要看ta遇到的是怎样的伴侣了。苏格拉底可爱但不靠谱，不事劳作，老婆直接就被逼成了泼妇；王小波也不靠谱，但他的婚姻堪称完美，因为，他遇到的女人，是能理解他的李银河。

“你还算个男子汉吗？”“我就不算男人，怎么地了？”

一位朋友最近正在准备会计资格考试，上班不忙的时候也在做模拟题，但她对这个行当极其不感兴趣，说每天那些枯燥乏味的东西看得她头昏眼花，甚至感到恶心。早在几个月前，我就问她：“你既然如此厌恶这玩意儿，为什么还要报考？是为了增加一项谋生的技能，以后可能当会计？”谁能料到，她这样回答我：“不，我永远都不会从事财务会计类的工作，太痛苦了。”我惊问：“既然不打算从事这类工作，那你考证干吗？”她解释道：“当时闲着没事做，就想找个事情做，来挑战一下自己。”

昨天下午，看到她QQ签名改为“看书看到想吐”的时候，我实在看不下去了，我觉得自己有必要扮演一下“救世主”的角色。我单刀直入地对她说：“把一种无聊的考试当挑战，这个想法本身就不明智。挑战赢了又如何，能弥补那些科目曾经带给你的苦恼吗？要挑战，也该选择一件对你来说有意义的事情吧？”全身心投入、专注于自己真正感兴趣的事情，我们必然能从这个过程中得到极大的享受，即便是挑战失败了，我们也会有虽败犹荣的感觉，而不会觉得那些付出是浪费时间。但是，把精力和时间都耗费在那些既无趣也无用（对别人来说可能有用，但对自己而言却是无用的）的事情上面，即使成功了，也是实实在在的失败，因为那是对生命的浪费和糟践！

闲着没事做，就去找个自己不感兴趣的事情来挑战自我，并且这个挑战给自己带来很多烦恼，这就如同一个人无法忍受单身的无聊，去跟一个并不适合自己的人结了婚一样，其实不过是在用一种无聊代替另一种无聊而已。这种自寻烦恼的挑战充分说明了没有找到真正的兴趣爱好，这是一件多么可怕的事情，如果没有真正发现自我，我们就永远也无法彻底摆脱无聊的困扰。

为了让朋友对考证的事彻底死心，我继续给她泼冷水："我突然意识到，刻意地寻找挑战，刻意地证明'我能行'，反而显得有点虚弱、有点不自信。"这句，她是相当认同的，因为确实切中要害之处了。我继续误人子弟地劝导她："你应该有这样的魄力——'姐就是不行、就是没能力、就是不想挑战，你能把我怎么地？！'你看，平时遇到什么事情我不想努力做的时候，你们会用激将法对付我：'你还算个男人吗？'我往往会很干脆、很不要脸地回应'不算'，这样一说，你们也就对我无可奈何了。"在我"言而无信，出尔反尔"的时候，会有人教育我："你还算个男人吗？"深得"厚黑学"要领的我很利索地说："不算男人。"（"你还算个男人吗"，这句话，性别歧视的色彩太浓了，潜台词就是说，你如果是女人的话，做事可以不努力、可以不讲理。这种性别歧视的话语，如果由男人讲，尚且情有可原，如果有女人竟然拿这样的话来批评或调侃男人，那就是中毒太深、脑子不开窍。）

在那些无关紧要的事情上，就不要逞强，不必刻意去证明自己有多少能耐，相反，一种“不要脸”的处世态度，会让自己活得更轻松一些。我刚毕业的时候，就决定逃离上海了，一方面是因为我超级讨厌这个城市的堵车，另一方面，因为我知道自己没有能力在这里立足。我很清楚，我自己就是矬人一枚。我有个朋友，一毕业就待在上海了，混得还不如我，吃了上顿没下顿，经常向我这个穷鬼借钱，可他就是“赖”在这个高消费的城市不走，他给我的解释是：“我要向我的亲戚朋友证明，我有能力留在上海。”（我敢断定，这个解释是很有代表性的。）写到这里，我想起一句话：“别这么累，你没那么多观众。”

“承认自己能力有限，是心理健康的前提。”

好老公只谈钱，差老公才谈感情

在朋友圈看见这么一句话：“我喜欢那种上台就唱歌，唱完转身就走，不谈梦想、不谈人生、不谈理由的选秀。取悦自己又爽翻观众，简单粗暴，深藏功，多炫酷啊。”虽然我对选秀节目关注甚少，但这句话还是引起了我的共鸣。

我当时回复的是：“唱功是硬实力，梦想是软实力。对自己唱功把握不大的，通过谈梦想谈人生，可以为自己加分吧——误导粉丝和评委。”记得在2012年《中国好声音》火爆的时候，人民日报说：“很多选秀节目的共同点是把选手包装成个屌丝，希望通过某种悲情来打动观众。”是啊，这种招式，用一两次，能让人感动，但用得多了，只能让人生厌，觉得你对自己的专业实力缺乏信心。

我当年从制造业转入销售、从销售转入媒体的时候，知道自己基础差、底子薄，没有人会要我，因此，我反复强调自己对这份工作的热忱和痴迷，工资再低都可以，我甚至还在面试的时候表示，如果不能被录取，我愿意不要工资来实习几个月。最终，我用这份执着和

“情怀”打动了面试官，他把我列入备胎的行列。在他们录取的人走了之后，他叫我这个备胎去上班，一直到今天。

不仅是我这样没有能力的应聘者喜欢打情怀牌，有些招聘者也喜欢打情怀牌。比方，很多小公司，因为难开出较好的薪水，便会跟员工谈理想，“在这里，你会得到更好的成长”，“工资是比较低，但前途是光明的”。对此，有人调侃道：“好老板只谈钱，坏老板才谈理想。”虽然我个人也认为对刚毕业的求职者来说，薪水不是第一位的，但我更加认同“好老板只谈钱，坏老板才谈理想”。

叔本华在谈到荣誉时说，当统治者舍不得或没有能力给予将士物质上的奖励或者发不出军饷时，便给他们一个荣誉！“荣誉一张纸，哄你一辈子；悼词一张纸，了结一辈子。”

在罗永浩的锤子手机上市后，有一篇叫《如何吸取一个文艺青年的血》的文章很火爆，说老罗的手机质量很差，老罗卖的不是产品，而是情怀。在这个缺少理想主义的时代，理想主义便是最好的营销。跟老罗一样，乔布斯也卖情怀，但问题是乔布斯不光有情怀，而且产品也好，像老罗这样用好情怀来卖烂产品的，也算是一个奸商了。不过，因为消费者大多数是老罗的脑残粉，即便是被坑惨了，在内心里还是在想办法为他们的偶像辩解和开脱。爱一个人，就是你愿意为他犯贱。老罗这个奸商，竟然能够用情怀骗得一帮粉丝为他犯贱，他赢了。

写这篇文章的过程中，我看见有人在微博上说：“我跟你谈感情，你却跟我谈钱！”哎呀，真是好委屈呀。虽然作为一个穷人，我也怕别人跟我谈钱，但对另外一个穷人，我却没有一点恻隐之心，我直接说："好老公只谈钱，差老公才谈感情、谈理想！"尽管这并不符合我的三观，却完全符合实际情况。确实，在不少人眼里，喜欢谈感情、谈理想的男人都不如踏踏实实赚钱的人靠谱。

付出越多，越舍不得分手，这种想法对吗？

一个朋友告诉我，她一时头脑发热报了CFA考试，真正开始看书的时候才发现枯燥费解，并且还是英文的，根本就看不进去，翻开书看几页就头疼。但是，“既然报名费都交了，总得硬着头皮试一下吧，否则那些钱就打水漂了”。

我对她说：如果看书只是枯燥，却还有通过考试的可能，那也值得一试；倘若对那些东西毫无兴趣，又觉得自己断然没有通过这场考试的可能性，那就干脆放弃算了，否则，浪费的可就不只是报名费了，还得搭上精力和时间，这可是双倍的浪费啊。

我作为局外人，自己没有付过钱，所以才能把话说得如此轻巧，真要让当事人放弃，谈何容易呢。放在四五年前，如果这种决策失误的事情发生在我自己身上，我也会因为心疼报名费而硬着头皮去参加一场自己毫无兴趣并且必败无疑的考试。但是，今天的我不会再去做那种无谓的牺牲了。是的，换做谁，都会认为既然已经交了报名费，却不去参加考试，那报名费不是白交了。然而，倘若我们只是因为心疼那笔报名费便逼着自己去参加那场既无意义也不可能通过的考试，那笔报名费就没有浪费吗？不，它照样是被浪费了！

明明过程很痛苦，我们却依旧硬着头皮熬到最后，并非因为我们舍不得放弃一个美好的预期，而是因为我们舍不得放弃一个任何人都回天乏术的沉没成本。可是，为了收回这个沉没成本，我们又付出了多少机会成本啊——如果我对报名费抱着一种“浪费就浪费了呗”的心态而不再去考那个证，那我可以用节省下来的时间看些自己感兴趣的书、电影，与朋友聊聊天，外出游玩，岂不是更划算？

几年前，我慕名网购了萨缪尔森的《经济学》，拿到书后才发现，上面全是数据和图表、高等数学的公式，于是，我这个向来把高等数学当噩梦的人就心疼不已，可惜起那二十几块钱来。当然，心疼归心疼，我并未因为不想浪费那二十几块钱就硬着头皮去读这本书，而是果断决定束之高阁。这倒不是说一有数学公式我就看不懂了，我相信，我要硬逼着自己看，看完之后也会有收获的，但毕竟投入与产出比不理想，我要是把那些时间省下来读一读弗里德曼的没有公式的书，会更轻松，收获也会更多。

小时候在家里吃饭，有时候胃口不好，或者不小心盛得太多，吃不完，而家里又没冰箱，剩饭若留到下一顿就变质了，于是，为了不浪费粮食，我就逼着自己吃，直到吃完才善罢甘休。（我相信，不少人都有过这样的经历吧。）通常，在这种情况下，大人总会赞扬我是个懂事的乖孩子或者是投来赞许的目光，仿佛我硬勉强自己吃一些本来不想吃也不需要的东西是一件功德无量的事情一样。不过，我现在的处理方式完全不一样了，既然肚子内存已满，又不想留到下一顿吃剩饭，那干脆倒掉算了，别勉强自己。跟我一起吃饭的同学或朋友会教训我："别浪费粮食！"我会说："即便是我硬把它吃下去，它也还是浪费了，只不过是浪费在我的肚子里了，你没有看见而已。它浪费在垃圾桶里面，最起码还能喂猪，浪费在我的肚子里，可就真的是浪费了，并且还让我撑得难受。"现在再回头看看自己小时候处理剩饭的方式，简直是罪大恶极：一方面让猪缺少了一次补充营养的机会，另一方面又让自己从多余的饭中收获了"负效用"。我靠，这不就是典型的"毫不利己专门害人"嘛？不对，应该是"专门害猪"。

我又产生了这样一个联想，即某些表面上的"用情专一"。分明我早就已经对Ta没兴趣了，却还不愿意离开Ta，但这种不愿离开，并非因为舍不得，而是因为在Ta身上付出得太多了。也就是说，在这种情况下，你所留恋的，并不是Ta本人，也不是你心目中的某个美好期待，而是自己曾经投入Ta身上的那些沉没成本。这种执着的留恋，让你在枯燥和乏味中煎熬了多长时间啊，又让你错过了多少更美丽的风景啊。

一些自以为聪明的"资深流氓"常常会告诫女孩子："一个男人在追求你的过程中所付出得越多，得到你的难度越大，他就越会珍惜你。因此，就算是你也对他有意，仍旧不要过早地答应他，跟他耗着，吊吊他的胃口。"此种观点自然有它的道理，但在更多的情况下，这只不过是一种错觉：你这是在试图用男人对你的付出来拴住他！你为了抬高身价而故意给他设置了重重障碍，这未必会让他更加爱你，他真正所爱的、所珍惜的，可能只是自己的痴心和付出而已。他的执着，他对你的珍惜，可能不是为了你，而是为了跟自己赌气而已。一旦哪一天他突然意识到那个沉没成本永远都收不回来了（大部分男人对爱情的理解还是蛮功利的，将其当作一场可以算计的游戏），他不再愿意做那种无用功了，你就会发现自己失算了。

很多情侣在分手的时候，都会计算自己在对方身上付出了多少，攀比究竟谁更吃亏。那些付出，曾经给他们带来了无穷的快乐和幸福，现在再去计算这些沉没成本，计算得越精，人就越委屈、越痛苦。

人要想活得快活、活得洒脱，就不能太在乎那些沉没成本，你所有的惋惜和计算，都只能是徒增烦恼而已。剩下的饭、已经花过的钱，浪费就浪费了呗，你试图挽回这些损失，结果只会损失得更多。

理工科生更容易有处女情结，也更容易被洗脑

有个读者问我，男朋友有处女情结，怎么破？我没有正面回答她的问题，而是跑题地来了一句：总体上，理工科生，更容易有处女情结。

然后，她有点崇拜又有点惊讶地问："你是怎么知道的？他就是理科生！"我知道个啥啊。我其实啥也不知道。

其实，我说这句话，没有任何科学依据，也没有做过任何调查，我完全是凭着直觉胡说八道的。我的胡说八道，十次有九次都会被证明是正确的，这次，当然也不例外了。

还有件事，有一次一个小朋友在朋友圈抱怨说，她哥哥指责她微信上发的内容乱七八糟（三观不正）。我就弱弱地问了一句："你哥是理工科生吗？"然后，这位小朋友无奈地说："可他毕竟是我哥啊。"表面上看，她是答非所问，但实际上，已经是正面回答了。不仅正面回答了，而且，她还十分自觉地把理工科生定性为贬义词了。怎么会这样？我也不知道。

两年前，我在北京跟社科院近代史研究所一位研究员聊天，说到当下清华和上海交大等理工科学校大力办文科，我们一致认为这是件好事。其间，我说了句“从总体上说，理工科生更容易被洗脑”。

第一次形成对理工科生的系统性偏见是在三年前，我在一篇文章中描述了一下我所接触过的某些政府机关的真实工作状态，然后，有一位校友在评论部分写道：“你老是转这么负面的东西还不如出去逛逛。”看得出来，他写这句话是善意的，但这样一个善意的提醒，却让我感到十分恶心。我们身边，总有这样一些人，你说几句实话，他们就说太负面，搞得自己像个宣传部部长一样。

有时候，我内心也会有一些很傻×的想法，但是我知道它们格调很低，所以没有勇气说出来。而有些人则不然，他们似乎很有魄力。我又想到，这位同学是学理工科出身的，人文素养比较欠缺，这样一来，他的行为就比较好理解了。下文中，我主要谈一些理工科学生人文素养缺乏的问题。我从一条无价值的评论扯到人文素养上面，这并不是以偏概全，而是要利用这个契机将自己长期以来对某些理工科学生的“偏见”给整理出来。

高中时，理科生往往瞧不起文科生——说我们智商低，只会死记硬背（我自己是以理科班第一名的身份转到文科班的，没有遭遇歧视，却成为他们惋惜的对象）；而文科生在理科生面前，往往也是自惭形秽，长他人志气灭自己威风。大学时，一同学却说，理科生中白痴太多，后来跟一些人文素养比较好的理工科生聊天，他们也持类似观点——好多理科生，缺乏最基本的常识，想法太幼稚，完全无法交流。

说某些理科生缺乏常识，并非是我们在拿文科领域的常识去苛求理科生。事实上，好多常识，是跟专业界别无关的。很多理工科出身的人，缺乏的不是文科领域的常识，而是基本的人生识见、基本的价值判断力，并且理工科背景的人，比较容易拿较真来毁掉生活中的幽默和趣味。众所周知，相对于“空谈误国”的文科生，理科生较少耍嘴皮子，他们做事更踏实、务实，但是，伴随着务实而生的，是理工科出身的人，思维也更现实。十年前，一个学工科的朋友（工程师）跟我讲：“只要一个月给我8000块，哪怕在我脖子上面挂个牌子写着‘清洁工’，并且每天都来个人踢我几脚，都可以。”但如果换作文科生的话，肯定更加关注一些形式上的虚的东西……

我这几年的观察是，理科生更容易被洗脑，更容易被庸见所束缚。这些充满庸见的理科生，不但他们自己很容易向世界投降，而且，与文科生相比，他们也更加喜欢拿着庸俗的观念去改造别人。

总体而言，与文科生相比，理科生中，太多的人给我的印象是：有知识，没文化；有技术，无思想。理科生、工科生，比较务实，他们是人类物质文明的创造者；文科生（准确地说，是人文素养好的人），他们动手能力差，却更擅长扯淡、清谈。

最近读巴洛的《罗马人》一书，作者写道：“‘物质文明’乃是文明的最不重要的方面，文明存在于人类的精神之中。正如塔西佗所言，只有无知的人才会认为是精美的建筑、舒适和奢华造就了文明。”看到这里，我作为一个文科生的优越感油然而生。哈哈。（当然，我被这几句话糊弄出了优越感，这并不意味着我们文科生真的就比理科生强。关键原因在于，这段话是一个历史学家说的，所以呢，在离开高中之后，评判孰优孰劣的话语权往往是掌握在文科生手里的。此外，理工科的知识不太适合拿来装逼，所以，给人“学识渊博”印象的往往是文科生；一个理工科生要是被人认为很渊博，那也一定是靠人文素养赢得了这样的评价。）

言归正传。其实，我的朋友中，有很多理科生，他们的人文素养，比我这个三流的文科生不知高出多少倍，我是他们的脑残粉。此外，我们都知道，理工科中的一些大师级人物，人文素养往往是极好的，甚至他们本身也是人文领域的大家——最典型的例子莫过于亚里士多德、笛卡儿、莱布尼茨、罗素、爱因斯坦、林徽因、梁思成。有鉴于此，我认为，在谈到人文素养时，通用的文科生这种划分是肤浅的。也许，更恰当一点儿的做法是直接划分为人文素养好的人和人文素养差的人。

诚然，在进入社会后，不管是人文素养差的人还是人文素养好的人，都会越变越俗，例外只是凤毛麟角。然而，俗法还是有所不同的，区别在于：人文素养好的人，往往知道哪样是俗的，知道应该如何伪装才能让自己不至于显得太俗，因而，他们一旦知道某些想法很傻×、很庸俗，便不会说出来。而人文素养太差的人，往往缺乏基本的是非观、价值判断力、正确的荣辱观，他们之所以做坏事、说傻话，可能不只是因为道德水平低，更关键的还在于他们不知道那样说会让他们自己显得很傻，也不知道那样做会让他自己显得像个坏人。

故而，在大家“共同堕落”之后，人文素养好的人，往往拥有更好的演技，更有资格、有能力成为一个深藏不露的伪君子、大奸似忠的人；而人文素养差的人，因其太过于幼稚，往往还没有来得及形成表演的意识，就被贴上了一些贬义的标签，所以，他们成不了大气候，只能做一些小瘪三而已。我从上一段得到的启示是：如果你不甘心只做一个小瘪三，如果你还想做“大流氓”，那就抓紧时间好好学习，提高自己的人文素养吧。君不见那些文学影视作品中的黑社会老大，往往都是一副文质彬彬的书生形象吗？

PS：

关于理科生歧视文科生，汪涌豪老师披露过这么一件事情：数学家苏步青在复旦当校长时，还兼任数学系系主任，当时的中文系系主任是朱东润先生。有一次，苏步青对朱东润说：“老朱啊，我们数学系有个学生脑子不正常，让他转到你们中文系去吧？”朱东润老师一听，气个半死。

鸣谢

这本书能够问世，得益于无数朋友的帮助。最需要感谢的是以下几位：

跟我并无学业和事业上的交集，却犹如“幼儿园同学”一般亲密的朋友李剑兰，在我最不自信的时候，你给了我最大的信心，也见证了我在写作方面成长的整个过程，所以，我一直说你是我人生中的贵人，你也是对我文章点评最到位的VIP读者；

我的初中同学葛占国，我把咱俩的通话记录整理成文章，几个小时阅读量就破10万；

我的高中同学戴宗刚，第一个毁我三观的人、我的第一个人生导师；

我的大学同学衡洁，在过去半年里，你给了我最多的鼓励，甚至还给我提供了不少写作素材；

我的大学室友侯泽，如今，我文章中的放荡不羁和傲气，几乎全部来源于你，整个大学期间，你对我的影响，超过任何一位老师；

我的大学同学兰伟、冯翔宇、唐三勇，你们的怂恿，加速了我进军自媒体的步伐；

我的“研究生同学”柳采强、李小兵，你们给我提供了太多的写作素材和精神支持；

我做自媒体以来的搭档郭磊、陈瑶瑶、陈师明，你们给了最多的直接支持；

持续支持我四年半，既对我的某些观点嗤之以鼻，又慷慨给了我首笔巨额打赏的女神凌云，我爱你的人，但我更爱你的钱；

资深脑残粉彭雪娇，在2012年，你刚认识我的时候，我的文章还不是很成熟，可你居然把它们打印出来看，那是多大的鼓励啊；

磨铁图书的编辑韩沐晓，前后跟我沟通数十次，费尽心血；

最后，还得感谢我的领导廖翥，能够包容我经常在上班时间干私活。

由于篇幅有限，好多对本书做出巨大贡献的朋友都没有上榜，在此说声抱歉。不过，我并不在意你们吃醋。这样吧，等书上市之后，你们多买几本，然后，到下本书出版的时候，我一定把你们的名字写在最前面。

苏清涛

2015年12月18日凌晨